彩图 1　章姬

彩图 2　红颜

彩图 3　丰香

彩图 4　鬼怒甘

彩图 5　枥乙女

彩图 6　佐贺清香

彩图 7　幸香

彩图 8　甜查理

彩图 9　卡姆罗莎

彩图 10　全明星

彩图 11　哈尼

彩图 12　达赛莱克特

彩图 13　密保

彩图 14　赛娃

彩图 15　阿尔比

彩图 16　圣安德瑞斯

彩图 17　书香

彩图 18　燕香

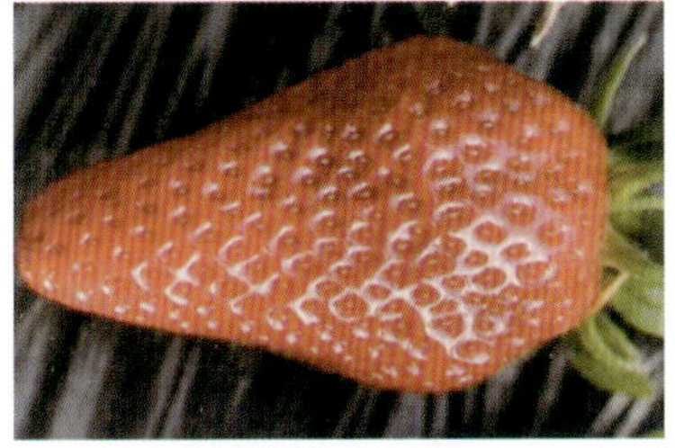
彩图 19　红袖添香

彩图 20　秀丽

彩图 21　晶瑶

彩图 22　红实美

彩图 23　宁丰

彩图 24　宁玉

彩图 25　石莓 6 号

彩图 26　石莓 7 号

彩图 27　三公主

彩图 28　浸湿柱头后产生畸形果

彩图 29　水滴浸湿叶片产生病害

彩图 30　白粉病为害初期症状

彩图 31　白粉病为害后期症状

彩图 32　白粉病为害花、花蕾和花托症状

彩图 33　白粉病为害幼果症状

彩图 34　白粉病为害果实后期症状

彩图 35　灰霉病为害花症状

彩图 36　灰霉病为害叶片症状

彩图 37　灰霉病为害果实初期症状

彩图 38　灰霉病为害果实后期症状

彩图 39　炭疽病为害叶柄症状

彩图 40　炭疽病为害匍匐茎症状

彩图 41　根茎部染病症状

彩图 42　芽腐症状

彩图 43　炭疽病为害果实的症状

彩图 44　植株青枯状死亡

彩图 45　慢性型症状

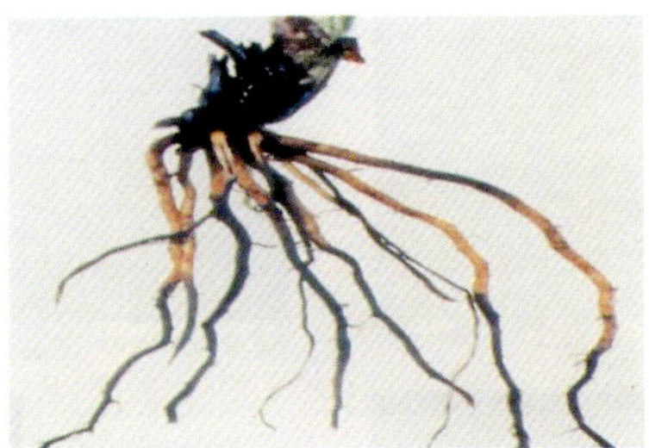

彩图 46　根尖先端或中部变褐

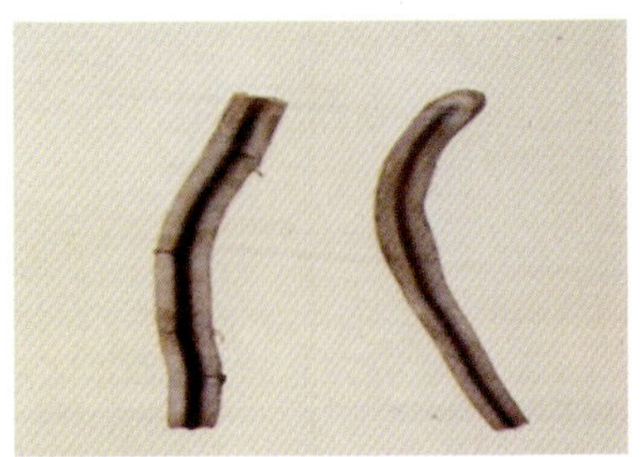

彩图 47　根纵切的受害症状

彩图 48　根茎初侵染受害症状

彩图 49　根横切后期受害症状

彩图 50　根纵切后期受害症状

彩图 51　全株枯死症状

彩图 52　果穗呈急性水烫状，变黑褐色死亡

彩图 53　果实黑褐色、干腐硬化

彩图 54　病果白腐软化

彩图 55　根部染病变黑腐烂

彩图 56　果面长满白色棉状菌丝

彩图 57　染病果实软化腐烂流汁

彩图 58　染病部位果肉变黑

彩图 59　果面上生颗粒状黑霉

彩图 60　病果波及相邻果实

彩图 61　花序、幼芽青枯枯萎

彩图 62　托叶和叶柄基部干缩

彩图 63　植株呈猝倒状

彩图 64　茎基部和根受害皮层腐烂

彩图 65　叶片出现红褐色小点

彩图 66　圆形或椭圆形病斑

彩图 67　形成“V”形病斑

彩图 68　全叶枯死

彩图 69　蛇眼病症状

彩图 70　红褐色不规则形病斑

彩图 71　叶片发病后干缩破碎

彩图 72　受害叶片死亡部分呈褐色或黑褐色

彩图 73　受害叶片像翻转的酒杯或汤匙

彩图 74　受害轻时叶缘发生茶褐色干枯

彩图 75　受害严重时叶片大半枯死

彩图 76　受害初期呈白色烫伤状

彩图 77　受害部位呈干瘪凹陷、浅褐色

彩图 78　受冻后花蕊变黑褐色死亡

彩图 79　幼果受冻变干枯僵死

彩图 80　大果受冻后发阴变褐

彩图 81　鸡冠状果实

彩图 82　指头果

彩图 83　双头果

彩图 84　多头果

彩图 85　果面凹凸不平

彩图 86　乱形果

彩图 87　病叶片出现白色条纹和斑块

彩图 88　感病叶片和萼片退绿

彩图 89　花茎徒长、花小及果小

彩图 90　植株矮化紧缩

彩图 91　开始缺氮时叶片由绿色变为浅绿色

彩图 92　缺氮严重时叶片变为黄色

彩图 93　下部叶片为浅红色至紫色

彩图 94　叶片边缘出现黑色、褐色干枯

彩图 95　叶片严重时发展为灼伤状

彩图 96　叶片皱缩

彩图 97　叶片顶部干枯变成黑色

彩图 98　小叶变成黑褐色干枯

彩图 99　花萼变黑褐色干枯

彩图 100　叶片变白、出现褐色斑点

彩图 101　缺锌叶片黄化、变窄

彩图 102　病毒病侵染植株症状

彩图 103　桃蚜危害

彩图 104　吐丝结网危害

彩图 105　植株如火烧状、矮化

彩图 106　苹毛丽金龟成虫

彩图 107　小青花金龟

彩图 108　黑绒金龟

彩图 109　茶翅蝽

彩图 110　麻皮蝽

彩图 111　大造桥虫幼虫啃食叶片

彩图 112　小家蚁为害果实

彩图 113　蛞蝓

彩图 114　蜗牛为害果实

彩图 115　蝼蛄成虫

彩图 116　蝼蛄若虫

彩图 117　蛴螬

彩图 118　蛴螬为害根部

彩图 119　小地老虎为害果实

彩图 120　金针虫为害果实

草莓高效栽培

主　编　杨　雷　杨　莉

副主编　李　莉　张建军

参　编　杨秋叶　毛晓坤

机　械　工　业　出　版　社

16 页彩插，120 幅高清彩图，清晰地展示了草莓品种及常见病虫害等内容。全书图文并茂地介绍了草莓高效栽培的关键技术，主要包括优良草莓新品种、草莓的特征特性、草莓对环境条件的要求、草莓繁殖方式及育苗技术、草莓栽培方式及栽培技术、草莓病虫草害防治技术及草莓的采收、包装运输、销售与加工等内容。文中设置了“提示”“栽培禁忌”等小栏目，以引起读者注意。另外，还附有草莓栽培全年作业历，可帮助读者更好地掌握草莓周年栽培技术要点。

本书内容科学实用，技术先进，通俗易懂，适于广大草莓种植者和科技工作者使用，也可供农业院校相关专业师生参考。

图书在版编目（CIP）数据

草莓高效栽培/杨雷，杨莉主编. —北京：机械工业出版社，2014.9（2024.5 重印）

（高效种植致富直通车）

ISBN 978-7-111-46898-1

Ⅰ.①草…　Ⅱ.①杨…②杨…　Ⅲ.①草莓－果树园艺　Ⅳ.①S668.4

中国版本图书馆 CIP 数据核字（2014）第 115709 号

机械工业出版社（北京市百万庄大街 22 号　邮政编码 100037）

总 策 划：李俊玲　张敬柱　　策划编辑：高　伟　郎　峰

责任编辑：高　伟　郎　峰　李俊慧　　版式设计：常天培

责任校对：郭明磊　　责任印制：李　飞

三河市骏杰印刷有限公司印刷

2024 年 5 月第 1 版第 9 次印刷

140mm×203mm · 6 印张 · 8 插页 · 155 千字

标准书号：ISBN 978-7-111-46898-1

定价：35.00 元

电话服务　　网络服务

客服电话：010-88361066　　机　工　官　网：www.cmpbook.com

010-88379833　　机　工　官　博：weibo.com/cmp1952

010-68326294　　金　　书　　网：www.golden-book.com

机工教育服务网：www.cmpedu.com

高效种植致富直通车
编审委员会

序

园艺产业包括蔬菜、果树、花卉和茶等，经多年发展，园艺产业已经成为我国很多地区的农业支柱产业，形成了具有地方特色的果蔬优势产区，园艺种植的发展为农民增收致富和“三农”问题的解决做出了重要贡献。园艺产业基本属于高投入、高产出、技术含量相对较高的产业，农民在实际生产中经常在新品种引进和选择、设施建设、栽培和管理、病虫害防治及产品市场发展趋势预测等诸多方面存在困惑。要实现园艺生产的高产高效，并尽可能地减少农药、化肥施用量以保障产品食用安全和生产环境的健康离不开科技的支撑。

根据目前农村果蔬产业的生产现状和实际需求，机械工业出版社坚持高起点、高质量、高标准的原则，组织全国20多家农业科研院所中理论和实践经验丰富的教师、科研人员及一线技术人员编写了“高效种植致富直通车”丛书。该丛书以蔬菜、果树的高效种植为基本点，全面介绍了主要果蔬的高效栽培技术、棚室果蔬高效栽培技术和病虫害诊断与防治技术、果树整形修剪技术、农村经济作物栽培技术等，基本涵盖了主要的果蔬作物类型，内容全面，突出实用性，可操作性、指导性强。

整套图书力避大段晦涩文字的说教，编写形式新颖，采取图、表、文结合的方式，穿插重点、难点、窍门或提示等小栏目。此外，为提高技术的可借鉴性，书中配有果蔬优势产区种植能手的实例介绍，以便于种植者之间的交流和学习。

丛书针对性强，适合农村种植业者、农业技术人员和院校相关专业师生阅读参考。希望本套丛书能为农村果蔬产业科技进步和产业发展做出贡献，同时也恳请读者对书中的不当和错误之处提出宝贵意见，以便补正。

中国农业大学农学与生物技术学院

前言

草莓在果品生产中占有重要地位，是经济价值较高的小浆果，也是城郊农业、观光采摘旅游业的重要组成部分。目前，我国草莓栽培面积超过了10万公顷，年产量超过了200万吨，已成为世界草莓生产大国。同时，随着草莓产业技术的研究不断深化，科技创新及科研成果层出不穷，新品种、新技术不断涌现，我国草莓产业已进入健康发展的快速轨道。

但是，我国的草莓生产水平与先进国家相比，在单位面积产量、无害化生产技术、新品种选育等方面还存在一定差距。为了适应新的发展形势，加大草莓新品种、新技术的推广应用力度，提高农民种植草莓的技术水平，获得更大的经济和社会效益，促进我国草莓产业的进一步发展，针对目前我国草莓生产中存在的问题，我们在多年草莓研究和总结的基础上，参考和查阅了大量的相关文献资料，编写了本书。在编写过程中采用了大量的实拍图片，力求使本书内容图文并茂，科学实用，技术先进，通俗易懂。

本书由杨雷、杨莉任主编，李莉、张建军任副主编，杨秋叶、毛晓坤参加了部分编写工作。在此，对编写过程中所参考的有关资料的作者表示衷心的感谢。

需要特别说明的是，本书所用药物及其使用剂量仅供读者参考，不可照搬。在生产实际中，所用药物学名、常用名和实际商品名称有差异，药物浓度也有所不同，建议读者在使用每一种药物之前，参阅厂家提供的产品说明以确认药物用量、用药方法、用药时间及禁忌等。

由于受编者水平所限，书中难免存在疏漏与不足之处，敬请广大读者批评指正。

编　者

目录

第四章　草莓对环境条件的要求

第五章　草莓繁殖方式及育苗技术

第六章　草莓栽培方式及栽培技术

第七章 草莓病虫草害防治技术

第八章 草莓的采收、包装运输、销售与加工

附录

参考文献

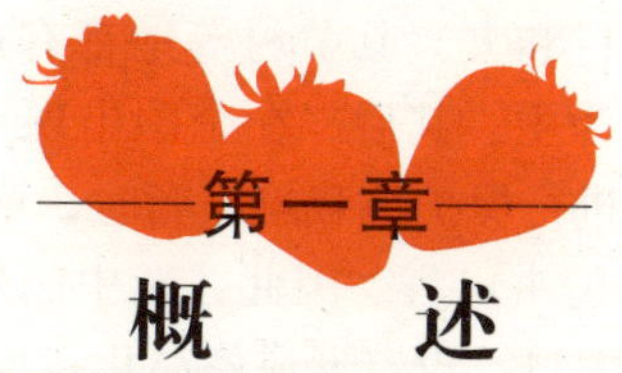

第一章 概 述

第一节 我国草莓栽培的历史与现状

一 我国草莓栽培的发展历程

大果凤梨草莓传入我国之前，我国各地只是采食野生草莓，生产上并未栽培，自大果凤梨草莓引入我国后才开始栽培草莓。我国草莓的栽培发展历程大致可分为3个阶段。

1. 早期引入与零星栽培阶段

大果凤梨草莓于20世纪初传入我国，有近100年的历史。据记载，1915年一个俄罗斯侨民将维多利亚（Victoria，别名：胜利）草莓5000株从莫斯科引到黑龙江省亮子坡栽培；1918年又有一铁路司机从高加索引种到一面坡栽培。同期也有一些传教士把凤梨草莓引种到现今的上海宝山区张建浜一带栽培；在河北，也有法国神父将鸡心草莓从法国引到正定天主教堂栽培，后由天主教徒传到定县（现定州市）及献县一带，新中国成立前后的保定鸡心、正定大丰屯鸡心均来源于正定天主教堂。在19世纪末至20世纪初，西方国家的传教士以及旅居山东青岛的日本人带来了一些草莓品种并在青岛栽培，旅居朝鲜的华侨引入一些品种到黄县一带栽培，进而在烟台、威海等地栽培，故草莓在当地又有高丽果之称。后来，全国各地通过教堂、教会学校、大使馆等渠道也有少量引入。新疆从前苏联引进了红草莓，台湾从日本引进了福羽等品种。20世纪40年代前，原南京中央大学和金陵大学农学院试验场均曾从国外引进草莓品种，

进行筛选和栽培，但一直未形成商品生产。北京阜成门外的阜丰果园、西直门外的万生园、西南郊的三路居和原北京大学农学院卢沟桥农场、东郊的八王村和大兴县黄村等地都有栽培，但都是露地零星粗放栽培，以自食为主。其后，在全国出现少数个体经营者利用风障、阳畦和土温室进行保护地栽培，当时，草莓作为一种奢侈品，以高价运至城市繁华街头出售。因此，新中国成立前我国草莓一直仅在大城市市郊零星栽培，没有形成商品化栽培。

2. 中期缓慢发展阶段

新中国成立后，我国草莓曾一度有所发展，20 世纪 50 年代我国草莓生产在上海、南京、杭州、青岛、保定、沈阳等大城市近郊已开始商品化栽培。特别是在江苏、上海、浙江一带及东北地区，随着新建果园的发展，草莓作为间作物有了成片发展，有的地方已形成较集中的产区。随着栽培技术的提高，草莓单产也有所提高。如 1958 年在南京市晓庄林场大面积栽培的草莓亩产量为 662.5kg（1 亩 =667m^2）。草莓的发展一直延续到 20 世纪 60 年代中期，当时仅上海的栽培面积一度达到 50 公顷，年产量约 250 吨。20 世纪 60 年代中期以后，刚刚有所发展的草莓业严重受损，全国的草莓栽培面积迅速减少，到 20 世纪 70 年代中后期，我国草莓生产降到了最低谷，当时上海草莓栽培面积仅 2 公顷，年产量 12.5 吨。1978 年，河北省满城县草莓栽培面积仅 33 公顷，总产量不足 300 吨；全国草莓栽培形式为露地栽培，栽培面积小，不过 300 公顷左右，总产量很低，不足 2000 吨。

20 世纪 50 年代中期，我国开始较多地从国外引入草莓品种。如沈阳农学院（现沈阳农业大学）、中国科学院植物研究所等单位开始从前苏联及东欧国家引入草莓品种。1959 年沈阳农学院从前苏联两次共引入 26 个世界各国品种，包括美国品种斯帕克、塔里斯曼，法国品种巴黎，前苏联品种女共青团员、美索夫卡、诺宾卡等。但在 1966 ~ 1976 年期间，我国引入的草莓品种资源大量丢失，只有少量品种散失在农家；此时还开展了一些实生选种和品种间杂交育种，华东地区农业科学研究所（现江苏省农业科学院）于 1953 年选育出了产量、外形、品质较优的 3 个草莓品种，即耐储性好的华东 4 号

（紫晶）、成熟期较早的华东 8 号（金红玛）和华东 9 号（五月香），并于南京、上海、武汉等地进行推广应用。1957～1960 年，沈阳农学院开展了草莓实生选种和品种间杂交育种，筛选出绿色种子、沈农 101、沈农 102、大四季 4 个品种，并在沈阳市郊区推广栽培。

3. 快速发展阶段

从 20 世纪 80 年代开始至今是我国草莓生产规模化快速发展时期。随着我国改革开放政策的实施和农村经济体制的改革，各级政府及科研单位对草莓生产开始重视，使草莓生产发展非常迅速，栽培面积逐年扩大甚至成倍增加，栽培形式也由原来的单一露地栽培转变为露地与多种保护地形式并存，经济效益大大提高，从而刺激了草莓产业在我国的快速兴起和蓬勃发展，草莓产业已成为我国果树生产中发展速度最快的品种之一。随着草莓多种形式的栽培成功，草莓栽培遍及全国各地。北自黑龙江，南至海南岛，东起浙江，西到新疆均有草莓的商品化栽培。据全国草莓研究会（现中国园艺学会草莓分会）统计，1980 年全国草莓栽培面积约 666 公顷，总产量 3000 吨左右；1985 年，全国草莓栽培面积约 3300 公顷，总产量约 2.5 万吨；1995 年，全国草莓栽培面积约 3.67 万公顷，总产量约 37.5 万吨；1998 年总面积已达到 5.8 万公顷，总产量 70 多万吨；2003 年全国草莓面积约 7.6 万公顷，年产量约 134 万吨。据农业部编《中国农业统计资料》统计，2011 年全国草莓栽培面积约 9.59 万公顷，总产量 249.1 万吨；目前我国草莓栽培面积已超过 10 万公顷，总产量超过 250 万吨，总面积及总产量均居世界第一。河北、山东、辽宁、吉林、安徽、江苏、四川、河南、上海、浙江、湖南、湖北等成为我国草莓主要生产省份。同时发展了多个全国有名的县、市级草莓集中产区，如河北的满城、顺平，辽宁的丹东，山东的烟台、平度，吉林的蛟河，江苏的连云港、句容、溧水，上海的青浦、奉贤，浙江的建德、诸暨，安徽的长丰，四川的双流，北京的昌平，湖北的武汉，甘肃的兰州等。

20 世纪 80 年代以来，我国先后从欧美、日本等国家引进了一些草莓新品种，如全明星、戈雷拉、哈尼、丰香、女峰、丽红、因都卡、盛岗 16、森加森加拉、鬼怒甘、弗吉尼亚、吐德拉、章姬、幸

香、枥乙女、卡姆罗莎等，这些草莓品种在生产上迅速取代了过去的老品种，部分成为生产上的主栽品种，得到了大面积推广应用，并不断发展和更新。20世纪80年代初期，宝交早生在全国栽培面积较大；20世纪80年代中后期以来华北、西北地区生产中主栽品种是全明星，东北地区生产中主栽品种是戈雷拉、全明星、宝交早生，中南部地区生产中主栽品种是宝交早生、春香、丽红、硕丰；进入20世纪90年代以来，随着保护地栽培形式的兴起与发展，东北地区由于弗吉尼亚品种在日光温室内产量高，便得到大力推广，使戈雷拉的面积迅速减少，但由于弗尼利亚在冬季低温期的品质较差，随后又被吐德拉和鬼怒甘所取代；华北、华东及西北地区在20世纪90年代以来，露地及保护地半促成栽培仍以全明星、宝交早生为主，而促成栽培则以丰香为主；华中、华南地区在20世纪90年代以来特别是1995年以后，丰香是主栽品种，占草莓生产栽培面积的70%以上。2000年以后，由于丰香极易感白粉病，所以它在全国各地的栽培面积开始减少，而法国品种达赛莱克特，美国品种卡姆罗莎、甜查理，日本品种枥乙女、章姬、幸香、红颜在生产中栽培面积不断扩大。生产中应用的加工品种则多以哈尼、森加森加拉、达赛莱克特、达善卡、密保为主。与此同时，自20世纪80年代以来我国一些高等农业院校和科研单位先后选育出了一批适合我国不同气候条件栽培的优良草莓新品种，这些自育草莓新品种在生产中也有一定的栽培面积，有的品种曾在生产中一度得到大面积推广应用。目前我国草莓生产中品种更新换代速度较快，不再是某单一品种一统天下，而是走向了品种多样化。

我国南北气候条件差异较大，各地生产力水平参差不齐，栽培形式多种多样。20世纪80年代以前，我国草莓的基本栽培形式为露地栽培；80年代初期，生产上开始推广地膜覆盖栽培；80年代中期开始推广小拱棚栽培；80年代末至90年代初南方推广塑料大棚，北方推广塑料日光温室。在我国草莓保护地栽培形式中，南方地区以塑料大棚及小、中拱棚为主，北方地区以日光温室及中、大拱棚为主。利用我国南北的区位优势和多种栽培形式的搭配，拉开了鲜果上市时期，使草莓鲜果供应期基本实现了鲜果周年上市供应。

二 我国草莓生产存在的问题

1. 品种问题

目前生产上大面积栽培的草莓品种较为单一；国外引进的品种仍占主要地位，如红颜、甜查理、达赛莱克特、哈尼、密保等，缺乏具有自主知识产权的优良草莓新品种；国内近几年培育出了一些新品种，但推广应用比较慢，在生产和市场中缺乏应有的地位和竞争力；同时，我国地域辽阔，东西南北地势气候差别较大，同一品种在不同的地区表现差异很大，草莓栽培者缺乏对草莓品种特性的了解，盲目引种栽培，造成损失。

2. 秧苗问题

草莓秧苗质量的好坏是草莓获得优质高产的关键。无毒苗繁育体系尚未建立健全，育苗工作比较粗放。目前，生产上采用的秧苗大多是生产园结果后的植株自然抽生的匍匐茎苗，这些秧苗因其母株结果消耗了大量营养且病虫害加重，致使发生的匍匐茎苗细弱多病，达不到优质秧苗的标准，因而结果能力减弱，达不到优质丰产的目的。特别是多年在田间靠匍匐茎无性繁殖，致使病毒在植株体积累，从而导致病毒病不断扩展和蔓延，使许多优良品种严重退化，造成草莓果变小且畸形，品质变差，产量降低等。

3. 产量、品质问题

我国草莓生产单位面积产量低、品质较差，缺乏配套的草莓安全优质规范化生产技术。露地栽培亩产量1000kg左右，远远低于美国加利福尼亚州的亩产量2000kg；保护地栽培亩产量1500kg左右，而国外亩产草莓都在2000kg左右。草莓产量低的原因除品种外，主要是缺乏标准化、规范化育苗体系和生产技术的实施。多年来，许多莓农缺乏草莓安全生产技术和意识，为了追求高产，大量施入化肥，滥用农药，使得果品质量下降，不受消费者欢迎，制约产品出口，严重影响草莓产业的健康发展。

4. 连作障碍问题

草莓多年在同一块土地上种植，很容易发生连作障碍，且随着连作次数的增加而越来越突出。草莓连作障碍的主要表现有：①黄萎病、枯萎病、炭疽病、青枯病、灰霉病、芽枯病、蛇眼病、根结

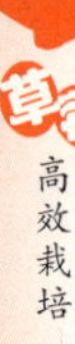

线虫病等土传病害加重，小地老虎、蝼蛄、蛴螬、蛞蝓等土居害虫发生严重，并逐渐达到难以控制的程度。②草莓植株生长衰退，尽管植株在苗期和花期表现正常，但在果实膨大期到接近成熟时，植株表现出萎蔫或死亡，造成不同程度的减产，甚至绝产绝收。③产量降低，果实品质下降，异常花、畸形果、软质果、小果、果实着色不良等生理性病变越来越严重。我国草莓主产区连作障碍日益严重，尤其是在保护地栽培条件下，连作障碍已成为限制草莓生产的主要因子。

5. 产后保鲜及深加工问题

草莓浆果含水量高，果实柔软，果皮薄嫩，不耐储藏，对保鲜和运输条件要求比较高。我国草莓保鲜及加工技术还比较落后，草莓生产者及消费者对草莓保鲜及加工技术不够重视。草莓鲜果不利于长途运输，造成销路窄、销售量小，难以扩大生产规模。同时，随着我国草莓产业的不断发展，栽培面积和产量不断增加，如果市场不能及时消纳，就需要深加工技术来支撑，特别是新发展起来的草莓主产区，草莓销售渠道单一，仅以市场鲜食销售为主，缺乏深加工企业，不仅附加值不高，还会造成大量的草莓销售不出去，损失惨重，极大地挫伤莓农种植草莓的积极性。

三 我国草莓生产的发展方向

根据我国草莓生产的现状和特点，结合国内外草莓发展趋势，我国草莓生产应向以下几个方面发展。

1. 加快草莓新品种选育及种质创新的步伐

我国草莓育种单位和个人与发达国家相比少，育种工作起步较晚。因此充分利用目前我国的支持政策，进一步壮大草莓育种队伍，提高科研水平和创新能力。中国园艺学会草莓分会的成立，为草莓科研人员和草莓生产者创造了参加国内、国外交流和考察学习的机会，促进了国内各省份、各单位同行的相互了解和交流，大家可通过多种方式大量搜集并引进国内外种质资源，丰富我国草莓基因库，做到种质资源充分利用和共享。加速具有自主知识产权的优质、丰产、抗病、耐储运且适宜不同栽培形式及不同用途的草莓新品种培育，实现种质创新。研究总结草莓新品种的标准化配套栽培技术及新品种适宜区域，加强新品种新技术的试验示范，加大应用推广力度，是促进我国草莓产业健康稳定发展的必由之路。

2. 建立并完善草莓无病毒苗繁育体系，大力推广应用无病毒秧苗

美国、日本及欧洲国家基本都采用组织培养技术作为大规模繁育无毒原种苗的主要手段，并建有严格的秧苗繁育制度，健全的三级种苗繁殖体系。第一级是母本园，建立在国家试验研究机构；第二级是一级良种繁育苗圃，建立在国家试验研究机构下属的试验站；第三级是二级良种繁育苗圃，建立在指定的专业苗圃或果园。三级育苗体系的建立，不仅有利于草莓新品种的推广和更新，更有利于防治病毒及其他病虫害的传播。随着我国草莓产业的发展，草莓秧苗的需求量不断增加，需要尽快建立三级优良草莓新品种无病毒苗繁育体系。开展无病毒苗生产，在我国草莓生产区大力推广应用脱毒苗势在必行。

3. 稳定面积，提高产量和质量

随着我国草莓产业迅速发展，草莓栽培面积和总产量越来越大，尤其是露地栽培面积盲目扩大，致使部分地区初夏市场销售趋于饱和，再加上包装保鲜、储藏运输和深加工跟不上，会造成很大的经济损失，严重挫伤莓农的积极性。因此，除一些新种植区可适当发展外，发展规模较大的地区应把重点放在提高单位面积产量和果品质量上。积极引进适宜本地区的优良草莓新品种及其规范化配套栽培技术，使草莓生产的每一个环节都纳入标准化管理的轨道，形成一整套完善的、高起点的全程标准指标体系，不断提高种植户的生产水平和管理水平，生产出高产优质的且在国内外市场具有较强竞争力的果品；并在草莓露地栽培发展的同时，向各种形式的保护地栽培发展，这样既拉开了鲜果上市期，又可提高经济效益。把我国草莓产业推向高层次、多方面的发展阶段。

4. 克服连作障碍

目前生产中最常用的土壤消毒不外乎轮作、土壤熏蒸处理及改良土壤等方法。草莓采收完毕后进行深耕，加施有机肥或锯末以改良土壤，并种植田菁等绿肥作物或水稻、玉米、高粱等禾本科作物，在8月前后割青将秸秆翻入土中，对提高地力、改良土壤理化结构、

控制连作障碍有明显效果。但对于保护地栽培特别是日光温室栽培，由于草莓生产的经济效益相对较高，轮作往往没有被采用。在这种情况下，土壤处理是一个控制土传病害和土居害虫的有效选择。长期以来，用溴甲烷处理土壤因其良好的效果而被广泛采用。但溴甲烷因破坏臭氧层和对人畜有剧毒而被列入《蒙特利尔议定书》的控制对象。近年来，为了有效地推动溴甲烷的取代进程，对多种土壤处理方法进行了深入的研究，如人工基质，生物熏蒸，蒸汽消毒，太阳能消毒，棉隆、氯化苦、威百亩、阿维菌素处理，接种木霉、丛枝菌根菌等。太阳能消毒和石灰氮日光消毒处理是今后土壤消毒的发展方向。

5. 发展草莓采后储运保鲜及加工业

草莓浆果柔软多汁，不耐储运，积极开展草莓储藏保鲜和深加工研究，实现冷链运输，采用速冻技术延长草莓储藏期，并通过加工草莓酱、草莓汁、草莓酒、草莓果脯等提高草莓附加值，实现草莓生产基地产、供、销、加工一条龙的综合体系，以促进草莓业的良性发展。

6. 开发省力低耗栽培措施

草莓柔软多汁，不耐挤压，极易受到机械伤害，果实小且成熟期不集中，特别是保护地栽培实现机械化难度很大，属劳动和技术密集型产业。栽培草莓较为费时费力，且由于草莓植株矮小，草莓的多个工作环节均是蹲式或猫腰姿势，给草莓种植者带来了巨大的工作压力和身体伤害。在日本正是由于其劳动强度大，造成后继乏人，全国草莓栽培面积逐年递减。目前日本已开发的省力措施有棚式育苗、高空采苗、立体或架式栽培等。我国北方日光温室栽培还需要卷帘、盖帘、除雪、加温等，劳动强度比南方塑料大棚更大。因此，减轻草莓栽培劳动强度，改变我国传统耕作方式，大力开发省力低耗的栽培技术措施是草莓产业发展的必然趋势。

7. 进一步开拓草莓市场

通过草莓节、观光园、国内外交流等多种形式大力宣传草莓文化及产业品牌，加强草莓生产和市场信息化，开拓市场。

第二节　草莓生产的意义

草莓在植物分类学上属于蔷薇科、草莓属、多年生常绿草本植物，园艺学分类上属于浆果类果树。草莓在世界各种浆果中栽培面积和产量仅次于葡萄，居第二位。现代草莓栽培品种均属于大果凤梨草莓。

一　草莓的特点及适应性

草莓是一种结果最快、成熟最早、植株最小、繁殖容易、生长周期短、病虫害较少、管理方便、加工容易、便于调控、见效快、适应性广、弹性强的果树。在我国北方，草莓一般8～9月定植，露地栽培，第二年的5～6月即可成熟上市，生产周期8～9个月；保护地栽培，草莓会更早上市，保温设施越好、保温时间越早，草莓成熟就越早，从定植到采收只有4～5个月的生产周期。在南方地区，尤其是广州、深圳等地区，因气温较高，草莓成花较难，需要在北方地区或当地高山育苗，北方育苗是在每年的10月以后将花芽已分化好的草莓苗运至南方定植，第二年的1月草莓果即可成熟上市，生产周期只有3个月的时间。草莓鲜果于早春上市，正值水果市场淡季，或供应双节（元旦、春节），价格高、效益好。

草莓抽生匍匐茎的能力强，繁殖率高。一般春季定植1株母株，到秋季可繁育30～50株子苗，多的可达100株以上。草莓适应性强，在全世界分布区域广，从热带至北极圈附近均可栽培，属世界性水果。在我国从海南岛至佳木斯，从山东半岛至新疆石河子地区，均有草莓栽培，且发展迅速。

二　草莓的营养价值

草莓浆果色泽鲜艳，芳香多汁，酸甜适口，营养丰富，属高档水果，素有“水果皇后”之美称。草莓果实中除含有糖、酸、蛋白质、粗纤维等营养物质外，还富含磷、锌、铁、钙等矿质元素和维生素C（抗坏血酸）、维生素B等。据测定，100g草莓鲜果中，含糖6.0～12.0g、有机酸0.6～1.6g、蛋白质0.6～1.0g、脂肪0.2～0.6g、果胶1.0～1.7g、磷41.0mg、铁1.1mg、钙32.0mg、粗纤维

1.4g、维生素C 40.0～120.0mg、维生素 B_1（硫胺素）0.02mg、维生素 B_2（核黄素）0.02mg，其中维生素C含量比柑橘高3倍，比苹果、葡萄高10倍以上，日本称草莓为“活的维生素丸”。这些营养成分都是人体需要的，又容易被人体吸收，因此营养价值很高。

三 草莓的药用价值

草莓还有较高的医疗和保健价值。现代医学证明，草莓对治疗白血病、贫血症等具有较好的功效，还对肠胃不适、营养不良、体弱消瘦等病症大有裨益。草莓中含有鞣花酸，是一种抗癌物质，能保护人体组织不受致癌物质的伤害。研究表明，在各种果品中，草莓中的鞣花酸含量较高，因此近些年国际上正在加紧对其进行研究并开发利用。草莓除具有药用价值外，还是一种天然的美容健身、延年益寿的保健佳品，在国外被誉为“廉价的保健品”。草莓汁可滋润肌肤，减少皮肤皱纹，延缓衰老。在欧洲一些国家利用草莓籽提取物生产化妆品，深受女士欢迎。在日本，草莓被称为“活的维生素丸”，认为吃草莓可以延年益寿、美容健身，草莓鲜果已成为日本国民家庭生活中必不可少的大众化果品，在各类水果销售中，草莓的人均消费额仅次于柑橘和苹果，居第三位。

四 草莓的经济、社会和生态效益

由于草莓成熟早，生长周期短，通过保护地促成栽培、半促成栽培、植株冷藏延迟及异地早熟栽培等，基本上可以达到周年生产、周年供应市场。元旦至春节期间，北京市场售价40～60元/kg，观光采摘价格高达100～200元/kg，哈尔滨市场售价高达30元/kg以上，石家庄观光采摘价格40～100元/kg，即使是5～6月上市的露地草莓售价也不低于4元/kg。露地栽培一般每亩纯收益3000元以上，保护地栽培一般每亩纯收益2万元以上，由此可见，草莓是一种市场价值很高的经济作物。

草莓具有发达的须根且分布较浅，植株相对矮小，耐阴性较强，适于多种栽培方式，又宜与其他作物间、套、轮作，可充分发挥冬闲土地和冬闲劳动力的作用，增加农民的经济收入，是发展效益农业的理想作物之一。如草莓与葡萄间作，比一般只单作葡萄时，每亩年增收2000～3000元；草莓与水稻及其他作物的间套轮作，单位面积产出率高；草莓和玉米间作套种，比传统的玉米、小麦实行轮作每年每亩可增收1500～3000元。设施栽培草莓与瓜果蔬菜的间套轮作，其效益则更高。设施栽培草莓中套种苦瓜、洋香瓜或甜瓜等，比单种草莓每亩增收近10000元，目前草莓与其他农作物间、套、轮作已在全国草莓生产区全面推广应用，是一种较为理想的栽培模式。

发展草莓生产特别是设施栽培草莓，不仅可充分发挥冬闲土地和冬闲劳动力的作用，提高土地和劳动力的利用率，增加农民的收入，而且促进了农村的安定和文明，繁荣了城镇水果市场，带动了相关行业的发展。随着草莓生产的发展，扩大了农资的使用量，发展了冷冻出口业，增加了新产品的研制、开发与应用，如草莓专用膜、草莓专用肥、二氧化碳气肥、硫黄蒸发器、烟熏剂等。

五 草莓的应用及深加工

草莓不仅可鲜食，而且还可用于加工成各种产品，如制成草莓酱、草莓汁、草莓酒、草莓汽水、草莓蜜饯、草莓罐头、速冻草莓、冻干草莓等，还可作为雪糕、糖果、饼干等的添加剂及糕点的点缀物等。草莓酱的色、香、味俱佳，是国际市场上最畅销的高档果酱之一。草莓汁、草莓汽水等各种草莓饮品都具有芳香浓郁、味道醇美的特点，是深受人们喜爱的生津解渴和防暑降温的佳品。速冻草莓既可化冻后鲜食，又可作为加工品的原料，有利于加工前的长途运输，且长时间保持果实营养品质不变，可大量出口增收。

第二章 优良草莓新品种

第一节　国外引进的优良草莓新品种

一　浅休眠优良新品种

1. 章姬（彩图1）

日本品种，1985年培育的鲜食加工兼用优良品种，1990年登记，1992年通过日本官方审定。

果实长圆锥形，鲜红色，富有光泽，果面平整，无棱沟，畸形果少。果实个大，一级序果平均果重35.0g。种子黄绿色、红色兼有，分布均匀，密度中等，凹入果面。萼片中等大，萼径2.8cm，双层，平贴于果实，去萼较易。果肉浅红色，髓心中等大、白色至橙红色，稍有空洞，果肉细，汁液多，香甜适中。可溶性固形物含量10.2%，可溶性总糖含量6.2%，有机酸含量0.5%。果实综合阻力0.377kg/cm^2，较耐储运。

植株生长势强，株态直立，株高19.6cm，冠径32.1cm×31.5cm。叶片较大，中间小叶近圆形。单株抽生花序2~3个，斜生，低于叶面，花序分枝较高，二歧分枝。两性花，白色，花瓣单层。匍匐茎抽生能力强，单株抽生匍匐茎10~14根，繁苗容易。

早熟品种，休眠期短，打破休眠需5℃以下低温40~50h，适宜保护地促成栽培。丰产性好，平均株产330.1g，最高株产583.6g，亩产量2500kg以上。对炭疽病抗性中等，较抗叶斑病，易感白粉病。

2. 红颜（彩图2）

日本品种，1994年育成，1999年命名，2002年登录发表，1999年从日本引入我国。

果实长圆锥形，鲜红色，着色一致，富有光泽，外形美观，畸形果少。果个大，一、二级序果平均果重20.1g，最大果重达58.3g。种子黄绿色，较大，陷入果面较深。萼片中等大，单层，平贴果实，萼片茸毛长、密。果肉鲜红色，髓心较小、红色，空洞小，肉质细，纤维少，汁液较多，酸甜适口，香气浓，品质上。可溶性固形物含量11.8%。果实综合阻力0.456kg/cm^2，耐储运性明显优于章姬和丰香。

植株长势强，株态较直立，株高24.8cm，冠径32.1cm × 34.4cm。三出复叶，叶片大，中间小叶椭圆形，绿色。单株抽生花序2～4个，单花序着花5～9朵，较直立，花序低于叶面，分枝较高，二歧分枝。两性花，白色。匍匐茎抽生能力较强，能二次抽生，无分枝，单株抽生匍匐茎平均6.5个，出苗15～40株，繁殖能力强。

早熟品种，休眠浅，适合保护地促成栽培。保护地栽培连续结果能力强，丰产性好，平均株产280.3g，最高株产516.2g，亩产量2500kg以上。适宜栽培范围较广，耐低温，但耐热、耐湿能力较差，较丰香抗白粉病和炭疽病。

3. 丰香（彩图3）

日本农林水产省蔬菜茶叶试验场久留米支场于1973年杂交育成，1983年正式命名并登记发表。1985年从日本引入我国。在我国南北均有栽培。

果实短圆锥形或圆锥形，鲜红色，有光泽，果面平整无棱，果实大小整齐。一、二级序果平均果重16.1g，最大果重35.0g。种子红、黄绿色兼有，分布较均匀，中等密度，微凹入果面。萼片较大，主萼平贴果面，副萼与果面分离，去萼较易。果肉白色，髓心实或稍空，肉细，果汁多，酸甜适中，香味浓，品质优。可溶性固形物含量10.0%，可溶性总糖含量8.7%，有机酸含量0.8%，维生素C含量68.76mg/100g。果实综合阻力0.322kg/cm^2，果实硬度及果皮韧性优于宝交早生，较耐储运。果实主要用于鲜食。

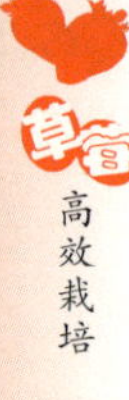

植株生长势强，株态开张，株高25.6cm，冠径40.4cm×40.8cm。三出复叶，叶片较大，中间小叶近圆形，叶片深绿色，有光泽，较厚，叶片边缘向上内卷，略呈匙状，茸毛少，缺刻较深。单株抽生花序2～3个，单花序着花9～12朵，花序较直立，花序梗中等粗，二歧分枝，低于或平于叶面。两性花，白色，花粉量大，花托较大。匍匐茎抽生能力较强，单株抽生匍匐茎平均14.5个，繁苗易。

早熟品种，休眠浅，打破休眠需要5℃以下低温50～100h，比春香稍深，比宝交早生浅，适宜保护地促成栽培和暖地栽培。较丰产，平均株产175.5g，亩产量1000kg以上。植株耐热、耐寒性较强，对黄萎病抗性中等，易感白粉病。

4. 鬼怒甘（彩图4）

日本枥木县宇都宫市农民渡边宗平于1987年从女峰品种的无性系株变中选出，1992年登记发表，1995年从日本引入我国。

果实短圆锥形，红色，光泽度强，果面平整。果实较大，一级序果平均果重25.0g，最大果重60.0g，一、二级序果果实形状差异较小。种子黄绿色，分布均匀，凹入果面浅。花萼翻卷。果肉鲜红，髓心浅红色，略有空洞或实心，肉质细，果汁浅红色、较多，有香气，品质优。可溶性固形物含量9.7%，果实综合阻力0.350kg/cm^2，比女峰和宝交早生硬度大，较耐储运。

植株生长势旺盛，株态较直立，株高27.1cm，冠径29.3cm×32.6cm。三出复叶，中间叶片长椭圆形，浓绿色，新生叶窄，叶缘扭曲，成龄叶片较大而稀，叶片较厚，叶面平展，叶面光滑，质地较软，茸毛较多，叶缘锯齿较深。单株抽生花序平均4.1个，单花序着花6～12朵，花序直立，高于叶面，着生茸毛多，二歧分枝。两性花，白色。匍匐茎抽生能力强，繁殖系数高。根系发达，几乎没有生长衰弱期，容易徒长。

中早熟品种，休眠期短，适宜保护地促成栽培。丰产性好，连续结果能力强，平均株产250.6g，最高株产391.8g，亩产量2000kg以上。植株适应性较强，较耐高温和低温，较抗白粉病、灰霉病，易感蛇眼病。

5. 栃乙女（彩图5）

日本栃木县农业试验场栃木分场由久留米49号×栃峰育成，1996年登记发表。1999年由沈阳农业大学园艺系从日本引入我国。

果实圆锥形，果面浓红色，光泽强，果面平整。果实个大，一、二级序果平均果重23.5g，最大果重80.0g。种子黄绿色，分布密度中等，平或微凸出果面。萼片黄绿色，翻卷。果肉浅红色，髓心小、红色，稍有空洞，果肉细，汁液较多，风味酸甜。可溶性固形物含量9.1%，维生素C含量73.91mg/100g，品质优。果实综合阻力0.417kg/cm^2，耐储运性较强。

植株长势强，株态较直立，株高20.3cm，冠径32.7cm×31.2cm。三出复叶，中间小叶近圆形，叶片深绿色，大而厚，叶面平展。花序直立，低于叶面，花序梗较粗。两性花，花冠大，花托大。单株可抽生匍匐茎8~10条，繁苗30.0株，繁殖力强。

早熟品种，休眠浅，适于保护地促成栽培。产量高于明宝、丰香及女峰，日光温室栽培，平均株产277.4g，亩产量2000kg以上。植株抗旱性较强，耐高温能力中等，较丰香、幸香抗白粉病、灰霉病，较抗叶斑病。

6. 佐贺清香（彩图6）

日本佐贺县农业试验研究中心于1991年由大锦×丰香育成，1995年以品系名“佐贺2号”在生产中进行试验示范，1997年申请品种登记，1998年命名，其综合性状优于丰香。2000年由辽宁省东港市果树技术推广站引入我国。

果实圆锥形，鲜红色，光泽度强，外观美，整齐度好，稍有果颈。果实中等大小，一级序果平均果重25.4g，二级序果平均果重12.9g，最大单果重52.5g。种子红、黄、绿色兼有，分布均匀，种子少，个小，凹入果面较深。萼片单层，较大，萼径4.0cm，平贴果面，去萼较易。果肉白色，髓心小、白色，无空洞，肉细，纤维较多，汁液多，香味浓，酸甜可口，品质优良。可溶性固形物含量10.2%，果实综合阻力0.452kg/cm^2，较耐储运。

植株生长势强，较直立，株高24.1cm，冠径30.1cm×28.5cm。三出复叶，中间小叶扇形，叶片大，叶片黄绿色，叶面光滑，质地

软，叶面形状匙状。新茎分枝数少，单株抽生花序1～2个，单花序着花6～16朵，花序较直立，低于叶面，分枝高，二歧分枝。两性花，白色，花瓣单层，花冠径2.8cm。匍匐茎红绿色，节间长38.6cm，粗0.18cm，匍匐茎抽生能力强，能二次抽生，无分枝，繁苗容易。

早熟品种，休眠浅，适宜保护地促成栽培。丰产性中等，平均株产206.2g，最高株产352.6g，亩产量2000kg以上。不耐涝，不耐热，不抗白粉病、炭疽病、叶斑病。

7. 幸香（彩图7）

日本农林水产省蔬菜茶叶试验场久留米支场于1996年由丰香×爱莓育成，1997年和1999年分别由青岛市农业科学研究所和沈阳农业大学园艺系从日本引入我国，目前在我国有一定栽培面积。

果实圆锥形，果面深红色，光泽强，果形整齐。果实个大，一级序果平均果重20.4g，最大果重48.9g。种子黄绿色、红色兼有，分布均匀，密度中等，凹入果面。萼片中等大，萼径3.5cm，双层，平贴果实，去萼较易。果肉浅红色，肉质细，汁液多，酸甜适口，有香气。可溶性固形物含量10.4%，品质优良。果实综合阻力0.365kg/cm^2，耐储运性优于丰香。

植株长势中等，较直立，株高18.5cm，冠径22.3cm×28.5cm。三出复叶，叶片较小，中间小叶长圆形，浅绿色，质地软，光泽差，叶缘上卷，略呈匙状。新茎分枝多，单株抽生花序数多，花序分枝较高，低于或平于叶面。两性花，单层花瓣，白色，花冠小。单株可抽生匍匐茎8～10条，繁苗30.0株，繁殖力强。

早熟品种，休眠浅，打破休眠需5℃以下低温150h左右，适于保护地促成栽培。丰产性好，平均株产243.1g，最高株产451.9g，亩产量2000kg以上。易感白粉病，较抗叶斑病。

8. 甜查理（彩图8）

美国由FL80-456×Pajaro育成。1999年由北京市农林科学院林业果树研究所从美国引入我国。现为我国保护地栽培的主栽品种之一。

果实圆锥形，鲜红色，光泽度强，果面平整，果个均匀度好。

果实较大，一级序果平均果重 31.5g，二级序果平均果重 19.2g，最大果重 58.0g。种子黄绿色，分布均匀，较稀，平或微凹入果面。萼片单层，较小，萼径 2.8cm，平贴或翻卷，萼下着色好。果肉橘红色，髓心中大、橘红色，空洞中大，果肉细，纤维较多，风味酸甜，香气浓，品质上。可溶性固形物含量 9.1%。果实综合阻力 0.480kg/cm^2，耐储运性好。

植株长势强，较直立，株高 26.3cm，冠径 39.2cm×40.1cm。三出复叶，中间小叶近圆形，叶片较大，叶片深绿色，叶面形状匙状，叶缘锯齿较深、尖。单株抽生花序 2~7 个，单花序着花 5~10 朵，花序较直立，低于叶面，分枝低，二歧分枝。两性花，白色，单层花瓣。匍匐茎发生较多，繁苗容易。

早熟品种，休眠浅，适宜保护地促成栽培。丰产性较好，平均株产 224.6g，最高株产 352.6g，亩产量 2000kg 以上。抗白粉病，较抗叶斑病。

9. 卡姆罗莎（彩图 9）

美国佛罗里达州佛罗里达大学由道格拉斯×CAL85.218-605 育成，于 20 世纪 90 年代中期引入我国。在我国南北方一度有一定面积的栽培，是一个优良的高硬度、浅休眠种质。

果实长圆锥形或楔形，果面深红色，平整光滑，有明显的蜡质光泽，果个均匀整齐，外观艳丽。果实个大，一级序果平均果重 30.6g，二级序果平均果重 21.2g，最大果重 98.5g。种子红、黄、绿色兼有，种子较大，分布均匀，密度高，凹入果面中等深度。萼片 1~2层，翻卷，萼片大，萼径大于果径，萼径 4.7cm，去萼较易。果肉红色，髓心小、红色，空洞小或实，肉质较细、密、坚实、脆，纤维多，果汁较多，有香气，风味酸甜，味淡。可溶性固形物含量 8.9%，可溶性总糖含量 4.7%，有机酸含量 0.6%，维生素 C 含量 62.91mg/100g。果实综合阻力 0.561kg/cm^2，硬度大，耐储运性好。果实适宜鲜食或加工。

植株长势强，株态直立，株高 32.7cm，冠径 32.1cm×33.8cm。三出复叶，中间小叶椭圆形，叶片大，叶片黄绿色，叶面状态平，叶背面着生茸毛多。单株抽生花序 2~6 个，单花序着花 3~11 朵，

花序直立，低于叶面，分枝低，二歧分枝。两性花，白色，单层花瓣。匍匐茎绿色，抽生能力强，繁苗容易。

早熟品种，休眠浅，适宜保护地促成栽培。丰产性好，连续结果能力可达6个月，平均株产375.0g，最高株产652.1g，亩产量3000kg以上。该品种适应性强，抗灰霉病和白粉病，较抗叶斑病。

二 中深休眠优良新品种

1. 全明星（彩图10）

美国农业部马里兰州农业试验站由MDUS4419×MDUS3185育成，1981年发表。多年为美国草莓生产的主栽品种。1980年首先由沈阳农学院园艺系从美国引入我国，后于1983年、1985年分别由江苏省农科院园艺所和甘肃省农业科学院引入我国。

果实圆锥形，鲜红色，着色均匀，光泽度强，果面平，果个较均匀，稍有果颈，畸形果少，无裂果。果实个大，一级序果平均果重34.8g，二级序果平均果重20.4g，最大果重51.9g。种子红、黄、绿色兼有，中等大小，分布均匀，中等密度，凹入果面较浅。萼片单层，翻卷或平贴，中等大小，萼径3.9cm。果肉橘黄色，髓心大、红色，空洞大，肉质细，纤维少，果汁多、橙红色，风味甜酸，有香气，品质中上。可溶性固形物含量7.8%，可溶性总糖含量4.3%，有机酸含量0.9%，维生素C含量52.01mg/100g。果实综合阻力0.498kg/cm^2，果实弹力0.860kg/cm^2，耐储运性好。果实适宜鲜食或加工。

该品种生长势强，植株较直立，株高31.0cm，冠径39.0cm×41.0cm。三出复叶，中间小叶椭圆形，叶片较厚，深绿色，叶面革质光滑，质地较硬，叶面较平。单株抽生花序2~4个，花序斜生，低于叶面，分枝较高，二歧分枝。两性花，白色，单层花瓣，匍匐茎抽生能力强，能二次抽生，繁苗率高。

中晚熟品种，打破休眠需5℃以下低温500~600h，是露地和保护地半促成栽培的优良品种。丰产性好，平均株产334.0g，最高株产469.8g，亩产量2500kg以上。抗性强，适宜范围广，能耐高温、高湿，对枯萎病、白粉病及红中柱病的部分生理小种抗性强，对黄萎病也有一定的抗性。

2. 哈尼（彩图 11）

美国康奈尔大学于 1972 年由 Vibrant × Holiday 育成，1979 年发表。1983 年由沈阳农业大学园艺系从美国引入我国。多年来，在我国东北、华北等地生产中作为加工品种推广应用。

果实圆锥形至楔形，果面红色至深红色，光泽较强，果面较平整，少有棱沟，果尖部不易着色，常为黄绿色，果实无颈或略有果颈。果实较大，一级序果平均果重 14.7g，二级序果平均果重 13.2g，最大果重 45.0g。种子红、黄、绿色兼有，分布较均匀，密度小，中等大小，凸出果面。萼片较小，萼径 3.6cm，平展或翻卷，去萼较难，带有髓心。果肉浅红色，髓心较大、浅红色，空洞小，肉细韧，汁液多、红色，味偏酸，有香气，品质中等。可溶性固形物含量 8.4%，可溶性总糖含量 3.7%，有机酸含量 1.0%，维生素 C 含量 42.80mg/100g。果实综合阻力 0.387kg/cm^2，果皮较厚，质地韧。鲜食、加工兼用品种。

植株长势较强，株态较直立，株高 32.0cm，冠径 29.2cm × 25.1cm。三出复叶，中间小叶长圆形，叶片较厚，深绿色，叶面革质较柔软，光泽度较强，叶面状态近平。单株抽生花序 2～4 个，花序斜生，低于叶面，分枝高，二歧分枝。两性花，白色，花冠较大，单层花瓣。匍匐茎抽生能力强，繁殖系数较大。

中熟品种，适宜露地或保护地半促成栽培。丰产性好，平均株产 280.1g，最高株产 389.5g，亩产量 2000kg 以上。适宜范围较广，植株较耐热、耐寒，对灰霉病、白粉病、叶斑病、凋萎病抗性强，对黄萎病、红中柱病抗性弱。

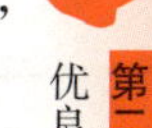

3. 达赛莱克特（彩图 12）

法国达鹏种苗公司于 1995 年由派克 × 爱尔桑塔育成。20 世纪 90 年代后期由河北省保定草莓研究所引入我国。引入后在河北、山东、辽宁、吉林等地广泛应用。

果实圆锥形，鲜红至深红色，光泽度强，果实均匀整齐，果色均匀度好，外观漂亮。果实个大，一级序果平均果重 32.1g，二级序果平均果重 20.3g，最大果重 65.1g。种子红、黄、绿色兼有，种子较多，中等大，密度中，凹入果面较深。萼片单层，萼下着色好，

萼片大，萼径4.9cm，去萼容易。果肉全红色，肉质较松，髓心大、红色，空洞大，中细、较硬，纤维少，汁液较多、红色，香气较浓，风味酸甜适度，品质中上。可溶性固形物含量8.5%，可溶性总糖含量5.8%，有机酸含量1.2%，维生素C含量52.63mg/100g。果实综合阻力0.447kg/cm^2，果实弹力0.864kg/cm^2，硬度大，耐储运性好。果实适宜鲜食或加工。

植株长势强，株态较直立，株高26.8cm，冠径40.2cm×41.6cm。三出复叶，中间小叶椭圆形，叶绿色，有光泽，叶厚，革质粗糙。单株抽生花序1~5个，单花序着花5~11朵，花序斜生，低于或平于叶面，分枝高，二歧分枝。两性花，白色，单层花瓣，花冠较大。匍匐茎抽生能力较强，繁苗较易。

中早熟品种，休眠期较长，打破休眠需5℃以下低温500h左右，适宜露地和保护地半促成栽培。丰产性好，连续结果能力强，平均株产317.8g，最高株产384.6g，亩产量3000kg以上。适宜栽培范围较广，抗白粉病、叶斑病、灰霉病，对红蜘蛛抗性较差。

4. 密保（彩图13）

法国品种。1997年由石家庄金百瑞进出口有限责任公司从法国Atys公司的韩国分公司引入我国。目前，在河北、辽宁、山东、云南等地栽培表现良好。

果实圆锥形，深红色，富有蜡质光泽，均匀整齐，果色均匀度好，外观品质优良。果实个大，一级序果平均果重30.8g，二级序果平均果重23.2g，最大果重68.6g。种子黄色，中等大，果面种子多，密度大，凹入果面较深。萼片单层，平贴或翻卷，萼下着色好，萼片大，萼径3.7cm，去萼较易。果肉深红色，髓心大、红色，空洞较大，果肉细脆，纤维少，汁液较多，有香气，风味酸甜，品质好。可溶性固形物含量9.0%。果实综合阻力0.460kg/cm^2，耐储运。果实适宜鲜食或加工。

植株长势强，株态直立，株高22.8cm，冠径34.2cm×33.6cm。三出复叶，中间小叶近圆形，浓绿色，革质粗糙，光泽度弱，叶面形状匙状，叶背面茸毛少、短。单株抽生花序1~4个，单花序着花6~30朵，花序较直立，平于或低于叶面，分枝低或高，二歧分枝。

两性花，黄白色，单层花瓣，匍匐茎抽生能力较强，单株抽生匍匐茎19个，能二次抽生，繁苗易。

中早熟品种，休眠期较长，打破休眠需5℃以下低温500～600h，适宜露地栽培或保护地半促成栽培。丰产性好，平均株产268.2g，最高株产512.9g，亩产量2500kg以上。抗逆性强，适宜栽培范围较广，抗白粉病、灰霉病及叶斑病。

三 日中性优良新品种

1. 赛娃（彩图14）

美国由CA70.3-177×CA71.98-605育成，于1983年发表。1997年由山东省泰山植物组培中心从美国引入。引入后在山东、河北、辽宁等地有零星栽培。

果实阔圆锥形，果面鲜红色，光泽较强，较平整，有少量棱沟，果实整齐度较差，无果颈。果实个大，一级序果平均果重27.2g，二级序果平均果重15.6g，最大果重138.0g。种子黄绿色，个小，分布均匀，密度中等，微凹入果面。萼片较小，萼径3.7cm，单层，翻卷，去萼容易。果肉橙红色，髓心中等大、橙红色，实心，肉质细、较软，纤维少，汁液多，风味甜酸，有香气。可溶性固形物含量9.5%。果实综合阻力0.404kg/cm^2，硬度较大，较耐储运。果实适宜鲜食或加工。

植株长势较强，株态直立，株高20.8cm，冠径35.1cm×35.7cm。三出复叶，叶片大，中间小叶近圆形，叶深绿色，有光泽，叶厚，质地较硬。单株抽生花序3～5个，单花序着花3～7朵，条件合适时可四季抽序、开花，花序斜生，低于叶面，分枝较低，二歧分枝。两性花，白色，单层花瓣，花冠较大。匍匐茎抽生能力较弱，繁苗较难。

四季品种，无明显休眠期，条件适宜时陆续开花结果，丰产性好，平均株产910.0g，最高株产达1250.0g，亩产量7000kg以上。抗性较强，抗叶部病害。

2. 阿尔比（彩图15）

美国加利福尼亚大学1997年选育的专利品种，杂交组合Diamante×Cal94.16-1，是日中性品种。由西班牙艾诺斯种业有限公

司引入我国。

果实长圆锥形，鲜红色，有光泽，果面平整，果个均匀整齐，外观漂亮。果个大，一级序果平均果重33.0g，二级序果平均果重26.1g，最大果重79.0g。种子红、黄、绿色兼有，分布不均匀，密度中等，个小，凹入果面。萼片较小，翻卷，去萼较易。果肉红色，髓心较小、红色，肉质细腻，纤维少，汁液较多，风味甜，口味独特，有香气。可溶性固形物含量10.8%。果实综合阻力0.677kg/cm^2，硬度极大，果皮韧性好，极耐储运，货架期长。果实适宜鲜食或加工。

植株长势强，株态较直立，株高18.6cm，冠径26.9cm×27.1cm。三出复叶，叶片较小，中间小叶近圆形，深绿色，叶片光泽度强，叶脉较深，叶面较光滑，匙状。花序较直立，粗壮。两性花，白色，花冠径较大。匍匐茎抽生能力强，繁苗容易。

四季品种，早熟特性明显，可周年结果。产量高，平均株产522.0g，亩产量为5000kg以上。抗逆性、抗病性都很强，对疫霉果腐病、黄萎病、炭疽病、根腐病抗性强，对红蜘蛛抗性强。

3. 圣安德瑞斯（彩图16）

美国品种。在2001年，以阿尔比×Cal97.86-1杂交育成。

果实圆锥形，果面鲜红色，果实表面富有光泽，果实畸形果极少。果实个大，平均单果重35g，最大可达110g；种子颜色从黄色到深红色兼有，但通常是红色，种子平于果面或凹入果面；果实酸甜可口，可溶性固形物10%~13%；果实硬度大，耐储运性好，货架期长。

植株生长势强，花芽分化能力强，可在结果期内持续结果，植株花序分枝低，无需疏花疏果。产量高，平均单株产量700~800g。抗白粉病、灰霉病和红蜘蛛，对叶斑病、炭疽病、疫霉果腐病和黄萎病有很强的抵抗力。该品种管理简单，节省人工。日中性品种，可周年结果，促成栽培条件下上市早，北京地区12月上旬可批量上市。

第二节　国内选育的优良草莓新品种

一　浅休眠优良新品种

1. 书香（彩图17）

北京市农林科学院林业果树研究所于2001年从女峰×达赛莱克

特杂交组合中育出，2009 年通过北京市林木品种审定委员会审定并命名。

果实圆锥形或楔形，深红色，有光泽，果面平整，外观评价上等。一、二级序果平均果重 24.7g，最大果重 76.0g。种子黄、绿、红色兼有，分布均匀，中等密度，平于果面。花萼单层、双层兼有，主贴副离。果肉红色，风味酸甜适中，有茉莉香味。可溶性固形物含量 10.9%，可溶性总糖含量 5.6%，有机酸含量 0.5%，维生素 C 含量 49.20mg/100g。果实综合阻力 0.450kg/cm^2，硬度较大，耐储运。

植株生长势较强，株态较直立，株高 13.1cm，冠径 33.7cm × 28.7cm。单株着生叶片 33 片，三出复叶，中间小叶椭圆形，绿色，叶片厚度中等，叶面质地粗糙，有光泽，叶面平，叶尖向下，叶缘锯齿尖。两性花，白色。单株抽生花序 3 ~ 6 个，单花序着花 5 ~ 7 朵，单株花总数 36 朵，花序低于叶面，花序分枝低。匍匐茎抽生能力强，繁苗易。

早熟品种，浅休眠，适宜保护地促成栽培。丰产性好，平均株产 300.0g，亩产量 1500kg 以上。抗性较强。

2. 燕香（彩图 18）

北京市农林科学院林业果树研究所于 2001 年从杂交组合女峰 × 达赛莱克特中育成，2008 年通过北京市林木品种审定委员会审定并命名。

果实圆锥形或长圆锥形，橙红色，有光泽，果面平整，果个均匀整齐，外观评价上等。果实个大，一、二级序果平均果重 33.0g，最大果重 54.0g。种子黄、绿、红色兼有，分布均匀，密度中等，平于或凸出果面。花萼单层、双层兼有，主贴副离。果肉橙红色，风味酸甜适中，有香味。可溶性固形物含量 8.7%，可溶性总糖含量 6.2%，有机酸含量 0.6%，维生素 C 含量 72.76mg/100g。果实综合阻力 0.510kg/cm^2，硬度大，耐储运。

植株生长势较强，株态较开张，株高 9.6cm，冠径 18.7cm × 19.3cm。单株着生叶片 9 片，三出复叶，中间小叶圆形，绿色，叶片厚度中等，质地较光滑，光泽度中等，叶面平，叶尖向下，叶缘

锯齿粗。两性花，白色。单株抽生花序 3～5 个，单花序着花 9 朵，单株着花 27 朵以上，花序低于叶面，花序梗较粗。匍匐茎抽生能力强，繁苗易。

早熟品种，浅休眠，适宜保护地促成栽培。丰产性好。对白粉病和灰霉病抗性较强。

3. 红袖添香（彩图 19）

北京市农林科学院林业果树研究所杂交育成，杂交组合卡姆罗莎×红颜，2010 年通过北京市林木品种审定委员会审定并命名。

果实长圆锥形或楔形，果面全红。果肉红色，酸甜适中，有香味。可溶性固形物含量 10.5%，维生素 C 含量 48.5mg/100g。植株生长势强，连续结果能力强。果个大，一、二级序果平均果重 50.6g，最大果重 98g。丰产性好，亩产可达 3000kg，抗白粉病，非常适合有机生产。荣获 2012 年全国精品草莓大赛冠军“长城杯”和“金奖”。适合保护地促成栽培。

4. 秀丽（彩图 20）

沈阳农业大学于 2002 年杂交育成，杂交组合吐德拉×枥乙女，2004 年入选，2010 年通过辽宁省种子管理局组织的成果鉴定，命名为‘秀丽’。2010 年通过辽宁省非主要农作物品种备案办公室备案。

一级序果为圆锥形或楔形，二级序果和三级序果为圆锥形或长圆锥形，果面红色，有光泽，外观评价中上等。一、二级序果平均果重 27.0g，大果重 38.0g。种子黄绿色，分布均匀，中等密度，平于或微凸于果面。果实萼片单层，反卷。果肉红色，髓心白色，无空洞，果实汁液多，风味酸甜，有香味。可溶性固形物含量 10.0%，可溶性总糖含量 7.7%，有机酸含量 0.8%，维生素 C 含量 64.00mg/100g。果实综合阻力 0.430kg/cm^2。

植株生长势强，株态开张，株高 21.9cm，冠径 27.4cm×30.3cm。单株着生叶片平均 10.2 片，叶圆形，较大，深绿色，叶片厚，叶面平，叶面质地较光滑，光泽度中等。花序较长，花序梗长 20.0cm，二歧聚伞花序，平于或高于叶面，单株花数 10 朵以上。两性花，白色，花朵较大，花梗长 10.0cm。

早熟品种，浅休眠，适宜日光温室促成栽培。连续结果能力强，丰产性好，亩产量2000kg以上。对白粉病具有中等抗性，对炭疽病具有较强抗性，抗土传病害及草莓叶部病害。

5. 晶瑶（彩图21）

湖北省农业科学院经济作物研究所于2001年杂交育成，杂交组合幸香×章姬，2008年通过湖北省农作物品种审定委员会审定并命名。

果实呈略长圆锥形，果面鲜红色，富有光泽，果面平整，果实整齐，无裂果，外形美观，畸形果少。果实个大，一、二级序果平均果重25.9g，最大果重100.0g。种子黄绿色、红色兼有，分布均匀，稍凹入果面。果肉鲜红，髓心小、白色至橙红色，果肉细腻，质脆，香味浓，口感好。可溶性固形物含量12.8%，可溶性总糖含量8.5%，有机酸含量0.8%，维生素C含量68.00mg/100g。果实综合阻力0.401kg/cm^2，果实硬度较大，耐储性较好。

植株生长势强，株型高大，株高38.4cm，冠径40.6cm×38.4cm，适宜稀植。单株叶片7~8片，三出复叶，中间小叶长椭圆形，嫩绿色，叶面光滑，质地硬，茸毛少。单株抽生花序3~5个，单花序着花8~10朵，花序直立，平于或低于叶面，二歧分枝。花两性，白色，花瓣单层，子房大，花粉量大。匍匐茎红绿色、粗，分枝生长，每株可繁有效苗40株左右。

早熟品种，休眠浅，适合保护地促成栽培。丰产性好，平均株产330.0g，亩产量2000kg以上。抗白粉病强于丰香，注意防治灰霉病、叶斑病和蚜虫。

6. 红实美（彩图22）

辽宁省东港市草莓研究所于1998年从章姬×杜克拉杂交组合中育出，2005年1月通过辽宁省农作物品种审定委员会审定并命名。

果实近楔形或长圆锥形，果面红色，色泽鲜艳，果面平整，畸形果少，果个整齐度好。果个大，一级序果平均果重45.7g，最大单果重100.0g。种子黄色、红色兼有，分布均匀，密度小，种子中等大，略凹于果面。花萼1~2层，较大，萼径4.8cm，翻卷或平贴果实。果肉浅红色，髓心大、粉白色，无空洞，肉质细腻、脆，纤维较多，果汁较多，风味酸甜，有香气，品质上乘。可溶性固形物含

量10.5%，有机酸含量0.7%。果实综合阻力0.550kg/cm^2，硬度大，耐储运。

植株长势较强，株态较直立，株形紧凑，株高28.5cm，冠径32.0cm×32.0cm。叶片较大，中间小叶近圆形，叶色深绿，叶片肥厚，光泽度较强，质地革质、粗糙，茸毛少，叶缘锯齿较尖。单株抽生花序1~4个，单花序着花9~15朵，花序斜生，平于叶面，分枝较低，二歧或多歧分枝。花两性，白色，花瓣较大，授粉坐果后易脱落，花梗粗壮。匍匐茎抽生能力强，繁殖系数高于丰香与章姬。根系发达，根茎粗壮。

早熟品种，休眠浅，打破休眠需5℃以下低温100~150h，适宜保护地促成栽培。产量高，平均株产500.0g以上，最高株产达1500.0g，亩产量5000kg以上。高抗白粉病和灰霉病。

7. 久香

上海市农业科学院林木果树研究所于1995年冬~1996年春杂交育出，2007年通过上海市农作物新品种审定委员会审定（认定）并命名。

果实圆锥形，果面橙红色，富有光泽，着色一致，果面平整，果形指数1.37，无果颈，果个均匀整齐。果实个大，一、二级序果平均果重21.6g，最大果重79.0g。种子微凹入果面。花萼较大，双层，主萼平副萼翻卷，萼先端缺刻，去萼易，萼心平。果肉红色，髓心较大、浅红色，无空洞，果肉细，质地脆硬，汁液较多，甜酸适度，香味浓。设施栽培可溶性固形物含量10.8%，露地栽培可溶性固形物含量8.6%，可滴定酸含量0.7%，维生素C含量97.83mg/100g。果实综合阻力0.481kg/cm^2，硬度大，耐储运性强于宝交早生、丰香等。

适宜于长江流域和冬暖草莓产区栽培，露地和设施栽培均可。稳产高产，露地栽培平均株产224.0g，设施栽培平均株产365.0g，亩产量3000kg以上。对白粉病和灰霉病的抗性均强于丰香，对炭疽病和灰霉病的抗性均较强。

8. 宁丰（彩图23）

江苏省农业科学院园艺研究所于2005年杂交育成。2010年通过江苏省农作物品种委员会鉴定。

果实圆锥形，果色红，光泽强，外观整齐漂亮，大小均匀一致，果实大小均匀度高于红颜，外观优于丰香。一、二级序果平均果重为22.3g，最大果重47.7g。果肉橙红色，风味香甜浓郁，可溶性固形物含量9.2%，其风味、口感达到现主栽品种水平。果实硬度大于明宝。

适宜保护地促成栽培。在南京地区大棚促成栽培，9月上旬定植，第一花序10月中旬始花，11月下旬果实开始成熟。丰产性好。耐热、耐寒性强，抗炭疽病，较抗白粉病。该品种适应能力强，在我国南北方均可栽培。

9. 宁玉（彩图24）

江苏省农业科学院园艺研究所于2005年杂交育成。2010年通过江苏省农作物品种委员会鉴定。

果实圆锥形，果个均匀，红色，果面平整，光泽强。果基无颈、无种子带，种子分布稀且均匀；果肉橙红色，髓心橙色；味甜，香浓，可溶性固形物含量10.7%，可溶性总糖含量7.384%，可滴定酸含量0.518%，维生素C含量76.2mg/100g，硬度1.63kg/cm^2。果大丰产，一、二级序果平均单果重24.5g，最大单果重52.9g。

植株半直立，长势强，株高12.0～14.0cm，冠径26.8cm×27.2cm。匍匐茎抽生能力强。叶片绿色，椭圆形，长7.9cm，宽7.4cm，叶面粗糙，叶柄长9.3cm。花冠径3.0cm，雄蕊平于雌蕊，花粉发芽力高，授粉均匀，坐果率高，畸形果少；平均花房长12.9cm，分歧少、节位低，单花序着花10～14朵。亩产量一般达2212kg。

适宜保护地促成栽培。丰产性好。耐热、耐寒，抗白粉病，较抗炭疽病。该品种适应能力强，我国南北方均可栽培。

二 中深休眠优良新品种

1. 石莓6号（彩图25）

河北省农林科学院石家庄果树研究所于2001年杂交育成，杂交组合360-1（宝交早生×石莓1号）×新明星，2003年入选，2008年通过河北省科技厅组织的专家组鉴定，2008年通过河北省林木品种

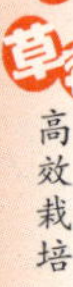

审定委员会审定并命名。

果实短圆锥形，果面平整，鲜红色至深红色，萼下着色良好，有光泽，无畸形果，无裂果，有果颈。果个大，一级序果平均果重36.6g，二级序果平均果重22.6g，三级序果平均果重14.9g，最大果重51.2g。种子红、黄绿色兼有，分布均匀，中等密度，中等大小，凹入果面较深。花萼单层，萼片较大，平贴或稍离，萼心平，萼径3.9cm，去萼易。果肉红色，髓心小、红色，无空洞，质地密，果肉细腻，纤维少，果汁多、红色，风味酸甜，香气浓。可溶性固形物含量9.1%，可溶性总糖含量6.0%，有机酸含量1.0%，维生素C含量54.72mg/100g。果实综合阻力0.512kg/cm^2，果实弹力0.880kg/cm^2，硬度大，耐储运性好。果实适宜鲜食及加工。

植株长势强，较直立，株高30.7cm，冠径58.2cm×52.4cm。单株着生叶片18~22片，三出复叶，中间小叶椭圆形，叶色绿，光泽强，叶片厚，叶面略呈匙状，叶缘锯齿尖且深。单株抽生花序5~8个，单花序着花10~15朵，花序斜生，低于叶面，分枝低，二歧分枝。花两性，单层花瓣，白色。单株抽生匍匐茎10~20个，能二次抽生，有分枝，单株繁育苗30~50株。

中熟品种，适宜露地及保护地半促成栽培。高产稳产，露地栽培平均株产401.6g，亩产量3000kg以上。保护地半促成栽培平均株产422.3g，亩产量3500kg以上。中抗白粉病、灰霉病及叶斑病。

2. 石莓7号（彩图26）

河北省农林科学院石家庄果树研究所于2002年杂交育成，杂交组合枥乙女×全明星，2004年入选。2011年通过河北省科技厅组织的专家组鉴定，2012年通过河北省林木品种审定委员会审定并命名。

果实短圆锥形，鲜红色，有明显蜡质层，光泽度强，着色均匀，果面平整，无果颈，无裂果，同一级序果果个均匀整齐。果个大，一级序果平均果重33.6g，二级序果平均果重21.5g，最大果重57.0g。种子红、黄绿色兼有，分布均匀，中等密度，中等大小，微凹入果面。萼片单层，中等大，平贴或稍离果面，萼心凹，萼径5.4cm，萼下着色良好，去萼较易。果肉颜色橘红，髓心较大、橘红色，空洞较大，质地较密，果肉细腻，纤维少，果汁较多、粉红色，果实风味酸甜，香味浓，品质上。可溶性固形物含量 10.5%。果实综合阻力 0.447kg/cm^2，果实弹力 0.851kg/cm^2，硬度较大，较耐储运。果实适宜鲜食或加工果汁、果酱。

植株长势强，较直立，株高 29.0cm，冠径 44.2cm×48.4cm。单株复叶 20 片左右，三出复叶，叶色绿，中心小叶椭圆形，较厚，叶片革质较粗糙，叶面略呈匙状，光泽强，叶背茸毛较多，茸毛较长、细且柔软，叶缘锯齿尖、较深。单株抽生花序 3～6 个，单花序着花 7～15朵，花序较直立，低于叶面，花序分枝较低，二歧分枝。花两性，单层花瓣，白色。每株抽生匍匐茎平均 15.3 个，能二次抽生，有分枝，单株繁苗 20～50 株。

中早熟品种，中浅休眠，打破休眠需 5℃以下低温 300h 左右，适宜露地及保护地半促成栽培。丰产，平均株产 358.6g，亩产量 3000kg 以上。耐低温，抗炭疽病，中抗白粉病、灰霉病及叶斑病。

三 日中性优良新品种

三公主（彩图 27）

吉林省农业科学院果树研究所于 1995 年杂交育出，2008 年通过吉林省农作物品种审定委员会鉴定并命名。

一级序果楔形，果面有沟；二级序果圆锥形，果面平整无沟，果面红色，有光泽。果个较大，一级序果平均果重 23.3g，二级序果平均果重 15.1g，最大果重 39.0g。种子平或微凸于果面。萼片中等大小，反卷，与髓心连接紧，去萼较难。果肉红色，髓心较大，微有空隙，风味酸甜，香气浓，品质上等。露地栽培，春、秋两季果实品质好，夏季果实品质和硬度差。可溶性固形物含量春季 10.0%、夏季 8.0%、秋季 15.0%，可溶性总糖含量 7.0%，有机酸含量 2.7%，维生素 C 含量 91.35mg/100g。

四季品种，四季结果能力强，在温度适宜的条件下可常年开花结果。丰产性好，露地栽培平均株产 476.0g，亩产量 2237kg，春季和秋季产量差异不明显。抗白粉病、抗寒，但高温多湿季节叶部易感叶斑病。

第三章 草莓的特征特性

草莓植株矮小，呈丛状生长，植株高度一般在15～35cm之间，植株冠径一般在20～45cm之间，呈半匍匐或直立丛状生长，主要通过匍匐茎进行繁殖再生。一个完整的草莓植株由根、茎、叶、花、果实等器官组成（图3-1）。

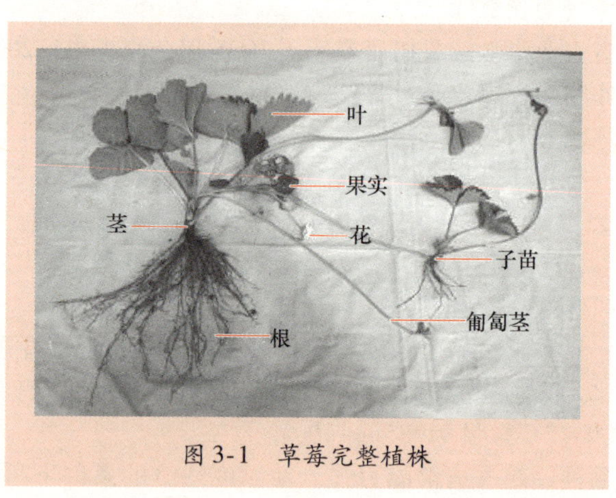

图3-1 草莓完整植株

第一节 根

一 根的组成与分布

草莓根系是由不定根组成的须根系，由初生根、侧生根和根毛组成。一个正常健壮的草莓植株大约能形成20～50条初生根，多时达100条以上，直径为1～1.5mm。

草莓根系在土壤中分布很浅，分布范围小。大部分根集中分布于0～30cm的土层内，而90%以上的根分布于0～20cm的土层内。20cm以下的土层，根系分布明显减少，少数根在40cm以下，极少数根系在50～60cm，正常植株根系横向分布一般在20～50cm，距根颈中心25cm以外的根明显减少（图3-2）。耕地、施肥、浇水等作业深度应在根系分布区30cm左右。根系分布深度及广度，与品种、土壤质地、耕作层深浅、栽植密度、坐果多少、温度和湿度等密切相关。在排水良好的沙壤土中根系分布较深，黏土或比较瘠薄的土壤中分布较浅；同样条件同一品种密植较稀植时根系分布相对较深；植株上坐果少的较坐果多的根系发育旺盛，分布广。

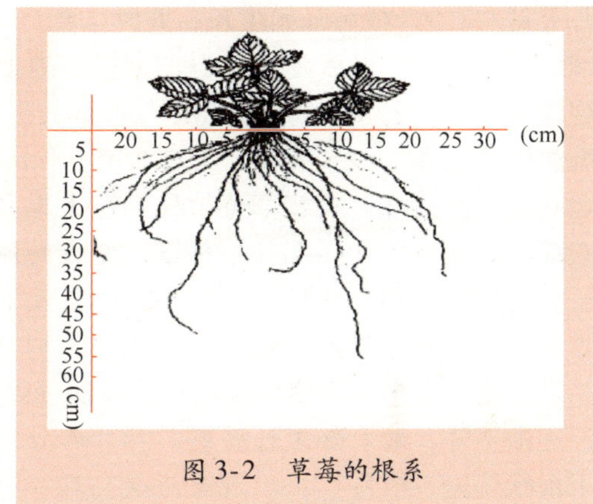

图3-2　草莓的根系

二 根系的生长动态

新发出的初生根呈乳白色至浅黄色，随着年龄的增长根逐渐老化，逐渐变为浅黄色以致暗褐色，最后近黑色而衰老死亡。然后，上部新茎又产生新的初生根，代替死亡的根继续生长。多年生草莓植株，随着年龄增加，根状茎和新茎逐年加长，新根的发生部位逐渐上移，如果茎暴露于地面，则不利于新根的发生，若能及时培土保湿，可促进新根萌发和生长。初生根变成褐色时还能发出白色的侧根，变成黑色时就不能发出侧根了。初生根的寿命一般为1年左右，其寿命长短与品种、根际环境、地表环境、结果多少等有关系，一般根际环境差、结果过多时寿命缩短。

露地栽培草莓，植株根系在一年内有3次生长高峰。早春，随

着气温上升，根系首先萌动，根系生长要比地上部分生长早 10 天左右。当气温上升到 2～5℃或 10cm 深的土壤温度稳定在 1～2℃时（3 月上旬左右），根系开始生长，此时主要是上一年秋季发出的越冬根继续延长生长。以后随着气温的回升，地上部分开始显露，地下部逐渐从短缩茎上发出新根，越冬根的延长生长渐止。当 10cm 深的土壤温度稳定在 13～15℃时（4 月下旬左右），即花序初显期根系生长达到第一次高峰。随着草莓植株开花坐果和幼果的膨大，根系生长减缓，有些新根从顶部开始枯萎，变成褐色或死亡。夏季果实采收后，开始高温和长日照（7 月上中旬），有利于草莓的营养生长，在腋芽处会萌发大量的匍匐茎，新茎及匍匐茎会发生大量的新根，根系进入第二次生长高峰。进入秋季以后（9 月中下旬到越冬前），气温逐渐下降，地上部生长缓慢，叶片养分回流，大量养分积累储藏于根状茎内，根系生长出现第三次高峰。第一次和第二次高峰，根系生长量相近，第三次高峰是全年根发生量最多的时期，持续时间也较长，且有一部分根以白色的初生状态越冬，此类白色越冬根是第二年早春新根继续延长生长的基础。有的地区或品种，由于 7～8 月地温太高，根系生长处于低潮，根系只在 4～6 月和 9～10 月出现两次生长高峰。

三 影响根系生长的因素

草莓根系生长与土壤的温度、水分、通气、酸碱度等条件有关。

草莓根系生长的最低温度为 2℃左右，最适温度为 20℃左右，最高温度为 36℃，10℃以下时，根系生长缓慢，在 −8℃时根系会受冻害。

草莓根系分布浅，植株小而叶面积较大，叶片更新频繁，浆果含水量高，营养繁殖快，因此，根系生长对土壤浅层水分要求较高。草莓既不抗旱也不耐涝，有“少量多次”的需水特点。不同物候期对水分的需要量不同，果实发育期需水量最多，此时应特别注意保持土壤湿润和良好的通气状态。土壤干旱缺水时，根系发育受阻，老化加快，严重时干枯死亡。此外，土壤干旱时，土壤盐类含量上升，根系易出现盐中毒。当土壤严重过湿时，通气不良，根系呼吸作用和其他生理活动受到抑制，初生根木质化加快，根系功能衰退。

如在盛夏大雨后，土壤高温高湿，极易发生根系腐烂。

土壤酸碱度影响着土壤中有机质和矿物质的分解和利用，也影响土壤中微生物的活动。草莓适宜在中性微酸的土壤中生长，即土壤 pH 以 5.6 ~ 6.5 为宜。但草莓对盐碱性土壤也有一定的耐性。

第二节 茎

草莓的茎根据形态和功能不同可分为新茎、根状茎和匍匐茎三种。新茎和根状茎均属于地下茎，匍匐茎是草莓沿地面延伸的一种特殊地上茎。

一 新茎

新茎（图 3-3）是当年萌发或一年生的短缩茎，新茎节间密集，呈弓背形，它着生于根状茎上。新茎加长生长速度非常缓慢，年生长量仅 0.5 ~ 2.0cm，加粗生长较旺盛。新茎是草莓发叶、生根、长茎、形成花序的重要器官。新茎上密生具有叶柄的叶片，下部产生不定根。新茎上叶腋部位着生腋芽，腋芽具有早熟性，当年可萌发形成匍匐茎，或萌发成新茎分枝，有的分化成花芽，或不萌发而成为隐芽。一般温度高时萌发成匍匐茎，温度低时则萌发成新茎的分枝。

图 3-3　草莓的新茎及根状茎

新茎的顶芽到秋季可形成混合花芽，成为主茎的第一花序。在靠近顶芽下的第一叶腋着生的侧芽具有较强的顶端优势，可长出一个强盛的侧枝与主茎联合在一起，替代了主茎的位置，将主茎形成的花芽挤向一方，呈弓背形状。新茎顶芽下的腋芽在适宜条件下也可形成混合花芽，成为主茎的第二花序。以此类推，成为合轴分枝。草莓花序均发生在弓背的一侧，生产上运用这一特性确定定植苗的方向，以使花序伸出方向一致。新茎分枝从开花结果期就

有少量发生，大量发生期在8~9月，10月以后基本不再发生。当年形成分枝的多少与栽植时间、种苗质量及品种有关，不同品种之间差异很大，同一品种，一般随年龄增长逐渐增多。新茎分枝可作为分株繁殖时的营养繁殖器官用于扩大繁殖系数。新茎上未萌发的隐芽，在草莓植株地上部受到损伤时，可萌发出新茎或匍匐茎，并在新茎基部形成新根系使植株迅速恢复生长。

二 根状茎

草莓多年生的短缩茎称为根状茎（图3-3），由新茎转变而来。新茎在第二年，叶片全部枯死脱落后就变为外形似根的根状茎，根状茎与新茎结构不同，根状茎木质化程度高，而新茎内层中维管束状结构发达，生命力强，根状茎有节和年轮，是储藏营养的主要器官，二年生的根状茎常在新茎基部产生大量不定根。但随着年龄的增长，根状茎一般从第三年开始不再发生不定根，并从下部老的部位开始逐渐向上老化变黑死亡。因此，根状茎越老，运输、储藏和吸收营养的功能就越差，地上部的生长就越衰退，果实变小、产量降低。所以草莓多实行两年一栽制或一年一栽制栽培方式，以保证草莓的丰产优质。随着植株年龄的增长，新茎的位置逐年抬高，新根的位置也逐年上升，以至高出地面。栽培上要注意培土，以保护根颈和根系。

三 匍匐茎

匍匐茎是草莓营养繁殖的主要器官。匍匐茎的节间很长，奇数节上的腋芽一般不萌发呈休眠状态，偶数节上的腋芽可以萌发正常生长，可以长成一株匍匐茎子苗（图3-4）。正常情况下，经过2~3周匍匐茎苗就能独立成活。随着匍匐茎苗的生长，一次匍匐茎苗又可分化腋芽，腋芽萌发后继续抽生匍匐茎，这些匍匐茎仍然是偶数节腋芽萌发形成二次匍匐茎苗，二次匍匐茎苗还可抽生三次匍匐茎苗，依此类推，可形成多代匍匐茎和多代匍匐茎子苗。一般1株母株一年中可发生3~5代子株（南方可多达10~12代），总子株数约30~85株，多者可达100~200株。匍匐茎奇数节位不产生子株，腋芽保持休眠或产生匍匐茎分枝。

草莓抽生匍匐茎的多少与品种、株龄、母株的健壮程度、结果多少、环境条件等有关。石莓 4 号、石莓 6 号、石莓 7 号等品种抽生匍匐茎能力强，达娜、石莓 5 号、红颜、四季草莓等品种匍匐茎抽生能力相对较弱。同一品种，结果多的抽生匍匐茎少而晚，结果少的则抽生匍匐茎多而早。母株健壮匍匐茎抽生多，且子苗发根快，生长健壮。

图 3-4　匍匐茎子苗形成部位

长日照和较高温度有利于匍匐茎的发生和生长，短日照、低温条件下不发生匍匐茎。匍匐茎在长日照下容易发生，但当温度过低时，即使是长日照匍匐茎也不会发生；光照强有利于匍匐茎发生，但高温下强光会抑制匍匐茎发生，如南方盛夏高温季节基本不发生匍匐茎。在人工气候室进行的试验表明，在 10℃以下，日照时间再长，也不发生匍匐茎；相反，昼长只有 8h，温度再高也不发生匍匐茎。而昼长在 12～16h，温度在 17～20℃，匍匐茎发生较多。匍匐茎发生量与母株受到 5℃以下低温积累时间有关，只有在满足对低温量的要求之后，才会有大量匍匐茎发生。若低温量不足则匍匐茎发生少或不发生。如果把低温量要求较高的寒地品种引入暖地栽培，往往因低温量不足而影响匍匐茎的发生；而将暖地品种引入寒地栽培，由于受长时间低温处理，则会增加匍匐茎的发生数量。

匍匐茎的发生始期，一般在果实膨大期，大量发生期在果实采收之后。一般早熟品种匍匐茎发生早，从 4 月开始发生，整个夏季直到 10 月连续发生；晚熟品种发生较晚，一般在 5～6 月以后才开始发生。匍匐茎发生时期的早晚还与日照条件、母株经过低温时间的长短及栽培形式有关。匍匐茎幼苗生长初期大量消耗母株营养，与花果竞争养分，因此，生产上以结果为目的的草莓园，应及时摘除匍匐茎及子苗，节约养分以利于母株的开花结果，以保证优质丰产。

以育苗为目的的草莓园应及时摘除花蕾，以促使匍匐茎大量发生，培育壮苗，提高繁殖系数。

第三节　叶片

草莓的叶发生于新茎上，呈螺旋状排列，叶序为2/5，即无论第一片叶子长在什么位置，第一片叶和第六片叶同位于一条垂直线上。草莓的叶一般为基生三出复叶，具长叶柄，叶柄的基部左右各有1片托叶，两片托叶苞合成托叶鞘包于新茎上（图3-5）。不同品种的托叶大小和颜色不同，托叶有绿色、浅红色、红色、深红色、紫色等，成为区别品种的特征之一。叶柄的中部也对生2枚很小的耳叶，有的1枚或无，多为绿色，耳叶为圆形、椭圆形、倒卵圆形等平展（图3-6）或钟形（图3-7），大小与形状因品种而异。叶柄的长短、粗细、颜色、着生茸毛多少等也因品种而异，叶柄长一般5～25cm，长者达25cm以上，粗0.2～0.6cm。大多品种叶柄的先端通常着生3片小叶，也有的品种着生4片或5片小叶（图3-8），三出复叶一般两边小叶相对称，中间小叶形状规则，叶片形状、大小、厚薄、颜色深浅、光泽度强弱，叶脉深浅，叶面光滑程度，叶展角度，叶背面茸毛多少，边缘锯齿粗细与深浅等均因品种而异。叶片的颜色为黄色、黄绿色、浅绿色、绿色、灰绿色、深绿色等。中间小叶一般呈圆形、近圆形、椭圆形、卵圆形、倒卵圆形、菱形等（图3-9），一般小叶长5～20cm、宽5～15cm，小叶叶柄短或无，通常全缘具锯齿12～30个，锯齿的先端有很小的水孔，当土壤湿润且根系生长良好时，早晨可见到叶缘排出小水珠。叶面有少量茸毛，叶背面茸毛多。

图3-5　草莓叶片

图3-6　平展耳叶

图 3-7　钟形耳叶

图 3-8　三、四、五出复叶

图 3-9　叶片形状

春季温度达到 5℃时，草莓植株即开始萌芽生长，顶生混合芽抽生新茎，先发出 3～4 片叶，接着露出花序。随着气温的上升，新叶陆续产生，越冬叶逐渐枯死。初期主要依靠根及根状茎内储藏的养分进行生长。展叶时，最初 3 片小叶从茎顶端伸出，接着叶柄渐渐伸长，叶片渐渐展开。在 20℃温度条件下，约 8 天即可展开 1 片叶，1 个月大约就可增加 4 片叶，1 株草莓年展叶约 20～30 片。新叶展开的大小和叶柄的长度，因季节而异。夏至秋季展开的叶，叶柄长，叶面积大；冬季展开的叶，叶柄较短，叶面积小；春季坐果至采果前展开的叶，其大小、形态较典型，具有品种代表性。一年中由于外界环境条件和植物本身营养状况的变化，在不同时期发生的叶，其寿命长短也不一样。春、夏季长出的叶片，寿命一般为 80～130 天。新叶形成第 30 天后叶面积最大，叶最厚，叶绿素含量最高，

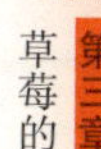

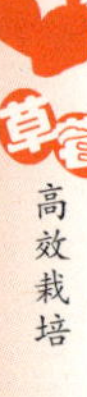

同化能力最强，在同一植株上第 4 片至第 6 片新叶同化能力最强。秋季长出的叶片，适当保护越冬，寿命可延长到 200～250 天，直到春季发出新叶后才逐渐枯死。越冬绿叶的数量对草莓产量有明显的影响，保护绿叶越冬，是提高第二年产量的重要措施之一。叶片随着新茎的生长陆续发生，也相继衰老死亡。衰老叶片同化能力降低，并有抑制花芽分化的作用。

叶片是草莓光合作用的重要器官，光合作用适宜温度是20～25℃，在 30℃以上或 15℃以下光合效率会下降，在栽培时要注意光照和温度对光合作用的影响。同时草莓叶片还具有呼吸作用、蒸腾作用和吸收作用等生理功能。草莓的芽在 －15～－10℃时就会发生冻害，严重时植株将会死亡。有的品种在 20～30cm 雪层覆盖下可忍受 －30～－25℃的低温。冬季采取覆盖保护措施，即使在 －40℃的地区也可栽植草莓。植株萌芽生长时，抗寒能力降低，－7℃时就会受冻害。温度过高也不利于生长，新叶难以长出，老叶往往出现灼伤或焦边，此时应注意灌水或遮阴。水分的适当供给也很重要。土壤含水量过低，则阻碍茎、叶的正常生长。土壤含水量过高，则易引起叶片黄化、萎蔫。

第四节　花及花芽

一　花的特征特性

草莓绝大多数品种的花为两性花，也有雌性花、雌能花和雄性花等。目前生产上的品种大多为完全花，完全花品种可以自花结实。雌性花品种或雌能花品种，虽无雄蕊或雄蕊发育不全，但雌蕊发育正常，只要配置授粉品种，就可获得正常的产量。

草莓的花由花梗、花托、萼片、花瓣、雄蕊群和雌蕊群组成（图 3-10）。花梗的长短、粗细、着生茸毛多少与品种有关。一朵完全花中，一般有萼片 5～16 片，有的品种有主萼片与副萼片，一般主萼平贴或稍离果实，副萼稍离或翻卷，萼片的大小与形状因品种而异。花瓣多为白色、乳白色，少数有粉红色、红色等，开黄花的多为蛇莓。花瓣一般 5～10 片。雄蕊 20～40 枚，常是 5 的倍数，雄蕊的花丝长短不一，花丝上有花药，花药内含有花粉，花粉粒呈长椭圆形，大小约为2μm×16μm，且外壁上有3条萌发沟，花药纵裂，花粉从中散出。雌蕊着生在凸起的肉质花托上，离生，呈螺旋状排列，雌蕊200~450枚，雌蕊由柱头、花柱和子房组成，花柱很短，长在子房侧面，当子房膨大时会倾斜到一侧，雌蕊授粉以前为绿色，授粉后因沾上花粉而变成黄色，受精后颜色变暗，等到果实膨大变硬以后花柱脱落，但有少数品种不脱落，如全明星等。从花托基部与雄蕊基部之间的狭窄轮状处可分泌花蜜，吸引昆虫访花而完成授粉。

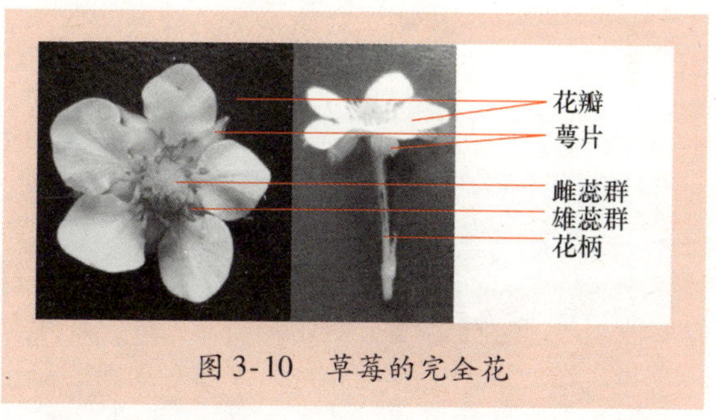

图3-10　草莓的完全花

草莓的花序为聚伞花序。多为二歧聚伞花序和多歧聚伞花序，品种间花序分歧变化较大，形式比较复杂多样（图3-11）。花序有顶花序和腋花序，从新茎的顶端长出的花序称顶花序，而从下面叶片的叶腋长出的花序称腋花序。草莓抽生花序的数量，主要因品种和环境条件及栽培方式而异。暖地花芽分化时期长，腋花序多；而寒地花芽分化时期短，腋花序少。单株花序约2~8个，每个花序着生3~30朵花，一般9~20朵。花序的高矮因品种而异，可分为低于叶面、平于叶面和高于叶面3种类型（图3-12），花序低于叶面的品种，由于受到叶片的遮盖，受晚霜伤害的可能性较小。花序分枝分为高、中、低3种，分枝较低的多被认为是单轴花序。单株抽生花序数、单花序着花数、坐果率和单果重等均是决定果实产量的重要因素，而首要的是使花序数增加。不同的品种花序有的直立，有的斜生，花序梗的粗细不同，着生茸毛多少、粗细、软硬等均不同。

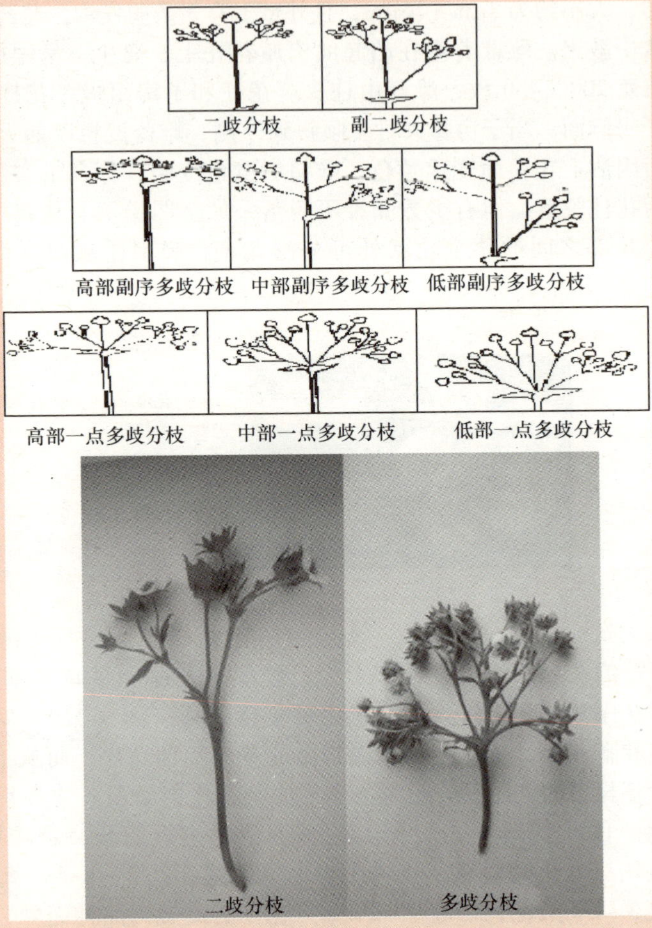

二歧分枝　副二歧分枝

高部副序多歧分枝　中部副序多歧分枝　低部副序多歧分枝

高部一点多歧分枝　中部一点多歧分枝　低部一点多歧分枝

二歧分枝　多歧分枝

图 3-11　草莓花序示意图及实例图

草莓在打破自然休眠后，随着日照加长、温度上升，便开始从土壤中吸收养分和水分，展叶生长。花序一般在新茎展出 3 片叶时，即在第 4 片叶托叶鞘内微露，随后花序逐渐伸出，整个花序显露。当平均气温达 10℃以上时，即开始开花。一朵花可开放 3 ~ 4 天，在这期间进行授粉受精。当花药中没有花粉粒时，花瓣即行脱落。

花序低于叶面

花序平于叶面

花序高于叶面

图 3-12　花序高矮的类型

草莓的花期很长，整个花序的花期约 20～30 天。草莓常常出现同一植株上低级序（第一、第二级序）果实已成熟而高级序（第四、第五级序）花或腋花芽正在开花或尚未开放的现象。花序上花的级次不同，开花的顺序不同，因而果实的大小和成熟期也不同。首先是 1 朵一级序花开放，其次是 2 朵二级序花开放，然后是 4 朵三级序花开放，依此类推，级次越高开花越晚。高级序花有开花不结实而成为无效花的现象，其数量主要因品种而异，最高可达 52%，而大部分品种为 15%～25%。但在适宜的气候和良好的栽培条件下，无效花的百分率可大大降低。

草莓的花是虫媒花，既进行自花授粉，又进行异花授粉。开花期低于 0℃或高于 40℃时，会严重阻碍授粉受精过程，致使产生畸形果。花期遇雨、风沙大，遭虫害、药害等情况下，都会引起畸形果产生。花期遇 0℃以下低温或霜害时，可使柱头变黑，丧失受精能力。开花期和结果期最低忍耐温度为 5℃。草莓的雌蕊在开花后 7～8 天内，均有受精能力。但实际上，开花 4 天后，花药中已无花粉，花瓣已脱落，昆虫不再访花。

花药中的花粉粒，一般在开花前成熟，具有发芽力。在开花前，花药不开裂，开花 1～2 天后，便可见到白色花瓣上所散落的黄色花粉粒。据观察，花药开裂时间，约从上午 9 点到下午 5 点，以上午为主，11～12 点达到高峰。花药在低于 12℃条件下一般不开裂。湿度的最高界限为相对湿度 94%，雨天则妨碍花药开裂。塑料大棚等保护地栽培，若相对湿度太高，花药不能开裂，花粉粒易吸水膨胀破裂，致使不能授粉受精，畸形果增加。花粉粒发芽最适温度为

25～27℃。花粉管到达子房后，由珠孔进入胚囊，进行双受精。受精后形成种子，促进坐果，使果实正常生长发育。授粉受精可促使子房内形成植物激素，促使种子周围的花托膨大。授粉受精完全，则花托发育成正常果实；授粉受精不完全，则发育成畸形果实；没有授粉受精，则花托不膨大。

二 花芽分化

20世纪80年代以前，草莓栽培多限于北方和中部一些地区，当时主要认为草莓喜冷凉气候，南方不适于草莓生产，但随着人们对草莓成花和休眠生理特性了解的深入，通过采取相应的栽培管理技术和栽培形式，使得我国南北均有草莓鲜果生产，基本实现了鲜果周年供应上市。

1. 花芽分化的过程

草莓花芽分化时期的早晚因品种和环境条件而异。早熟品种比晚熟品种开始分化早，停止分化也早。腋芽比顶芽晚1个月才开始分化。同一品种在不同地区，花芽分化期也不相同。北方高纬度地区，秋季低温来临和日照变短时间也早，花芽分化开始期也早。南方低纬度地区，花芽分化则晚。同纬度地区海拔高的地方，花芽分化早。同一品种，氮素过多、植株徒长、叶数过多过少等都会使花芽分化期延迟。在自然条件下，我国草莓一般在9月或更晚开始花芽分化。北方与中部地区草莓多在9月中旬开始花芽分化，而南方地区草莓在10月上旬前后开始分化。

草莓花芽和叶芽起源于同一分生组织，当外界的温度、光照等环境条件适宜花芽分化时，分生组织向花芽方向转化而形成花芽，花芽分化的过程大致可分为3个时期，即分化初期、花序分化期和花器分化期。分化初期前，未分化生长点的叶原始体基部平坦，顶部为锥形突起。进入花芽分化初期，生长点由锥形变成圆锥形，肥厚而隆起，这一时期约需1周，是分化较快的时期。在花序分化期中，顶花序不断分化发育，与此同时第二花序原始体形成，这一阶段约需11～12天。花器分化期的形态表现为：花器官的形成是向心式的，从外侧开始，逐渐向内形成花的各部分。位于花外侧的萼片原始体首先出现。在萼片形成过程中，其内侧出现花瓣原始体。花瓣与萼片同色，花瓣最初并不是白色。在花瓣原始体内又出现雄蕊原始体，此时，萼片变大，包着花的其他部分，并且在光滑的花托边缘产生较多小突起，这些小突起不久便发育成花柱。花粉在雄蕊的花药中形成，花粉母细胞经减数分裂，形成花粉四分体，以后四分体的细胞彼此逐渐分离，成为 4 个单核花粉粒，并继续发育成双核花粉粒。胚囊在雌蕊的胚珠内形成，在胚珠发育的同时，珠心组织中形成胚囊母细胞，胚囊母细胞经减数分裂形成四分体，其中 3 个细胞消失，只有 1 个膨大发育成胚囊。花粉的四分体形成期，约在花蕾长 4.0mm 时期。胚囊的四分体形成期，大体与花粉相同或稍晚。四分体形成期尤其是减数分裂期，是一个活跃的生理过程，对外界低温、高温等环境条件十分敏感。因此，这一时期是生产上重要的管理阶段。

在一个花序中，花芽的分化是有规则的，一级序花分化后，从其苞片内侧分化二级序花，再从二级序花的苞片内侧分化三级序花，余下依此类推。分化几级序花因条件而异，一般可分化到四级序花。顶芽和腋芽先后进行花芽分化，分别分化发育成顶花序和腋花序。在花芽分化期，草莓的腋芽停止抽生匍匐茎，大部分形成花芽，少部分抽生新茎分枝。靠近新茎基部的腋芽和靠近顶芽的腋芽都可形成花芽。

2. 花芽分化的条件

草莓在经过旺盛生长后，日平均气温在 5～25℃，日照时间 12.5h 以下，经过 10～15 天即开始花芽分化。我们把 12℃以下称为低温区，12～25℃称为中温区，25℃以上称为高温区。在低温区 5℃以下花芽分化停止，而在 5～12℃时花芽分化，与日照长短无关。在中温区日照长短能左右花芽形成，一般要求 8～13.5h 日照。在 25℃以上高温区花芽不形成。草莓花芽分化所需的温度和日照时间因品种不同而不同。一般认为草莓是短日照作物，它在低温和短日照条件下进行花芽分化，但目前促成栽培用品种实际上是在中温和中日照条件下进行花芽分化的。

植株体内氮素水平显著影响花芽分化时期。一般而言，生长势旺盛，氮素含量较多的植株花芽分化期相对较晚，而生长势中庸，

氮素含量较低的植株花芽分化期相对较早。植株体内氮素含量一般以叶柄汁液中硝态氮含量来衡量，用联苯胺比色法可测定硝态氮浓度。据分析，叶柄汁液中硝态氮含量在 0.03% 时有利于花芽分化，高于 0.03% 时花芽分化期推迟，若达 0.05% ~ 0.10% 时，花芽分化期不仅推迟，且不完善，产量降低，畸形果多。花芽分化早晚是决定大棚早熟栽培成败的关键，如果需提早草莓的开花期，应适当抑制花芽分化前的氮素吸收，生产上一般在 8 月中旬以后应停止追施氮肥。目前，假植、断根、钵育苗的主要目的就是控制幼苗后期氮素吸收，以便提早花芽分化。

草莓植株叶片数量的多少，对花芽分化时期和花芽质量有重要影响。具 5 ~ 6 片叶的植株花芽分化时期大致相同；具 4 片叶的分化时期推迟约 7 天，后期分化速度慢，第二花序分化时间短；具 3 片叶较具 5 ~ 6 片叶植株分化期推迟约 20 余天，到花序分化期甚至会因气温下降而休眠。草莓植株叶片数增加时，花芽分化的小花成花数均有明显增加。3 片叶的植株花芽分化晚且速度慢，4 ~ 5 片叶以上的苗，花芽分化速度快，花数明显增多。从植株形态的营养状况来看，花芽分化的特征是：具有 4 ~ 6 片展开叶，根茎粗 0.60cm 以上，苗重 10 ~ 20g，叶柄汁液中硝态氮浓度在 0.02% 以下，叶片黄绿色。因此，育苗的第一阶段要求多发匍匐茎，多发子苗；第二阶段是培养好即将进行花芽分化的植株；最后阶段即在 8 月中旬以后按不同栽培形式要求，促进花芽分化。如果育苗地植株过密、长期光照不足、病虫害严重、摘叶过多等，则会妨碍碳水化合物合成，引起植株叶色浅绿、茎叶徒长、叶柄细长、新茎细小等，不利于花芽分化。如果植株生长非常旺盛、茎粗叶大、叶色浓绿、氮素过多（叶柄汁液中硝态氮含量可达 0.05% ~ 0.10%）、体内蛋白质合成过多，也不利于花芽分化。赤霉素在草莓生产上应用较普遍，对花芽分化有抑制作用，喷布剂量超过 0.05mg/L 时，花芽分化完全受抑制，但对花芽发育有促进作用，在大棚促成栽培时，苗定植成活后（花芽分化已完成），用剂量为 0.01mg/L 的赤霉素喷布有促进花芽发育、防止休眠的作用。在苗生长期适时喷布脱落酸、矮壮素、多效唑等生长抑制剂，均能促进花芽形成。

3. 花芽分化后的发育

低温和短日照是草莓花芽分化的条件，而分化后的花芽发育所需的条件恰好与此相反，高温和长日照能促进草莓花芽的发育。草莓的花芽分化和发育与自然气候的变化是相适应的，秋季低温和短日照有利于花芽分化，冬前形成较多的花芽，第二年春气温上升，日照变长，促进花芽发育。

适当抑制营养生长，能促进草莓花芽分化，而在分化后适当地促进营养生长，则对草莓花芽发育有利。在花芽发育阶段，植株的营养吸收是以氮素为中心，对草莓开花结果影响较大。因此，在花芽分化后及早追施适量的氮肥，可增加花果数以提高产量。

第五节　果实及种子

一　果实的形态特征与发育

草莓的果实是由花托膨大发育而成，栽培学上称为浆果。果实的形状、颜色、光泽度、果面平整度、果个大小等因品种而异，也受栽培条件的影响。果实的形状，大致有扁圆形、圆球形、短圆锥形、圆锥形、长圆锥形、颈锥形、长楔形、短楔形、宽楔形及扇形等（图3-13）。果面的颜色有白色、浅红色、粉红色、橙红色、橘红色、红色、深红色、暗红色等。果肉的颜色一般较果面的颜色稍浅，因品种和成熟度不同为白色、浅红色、粉红色、橙红色、橘红色、红色、深红色等。同时，果实的髓心大小、颜色、有无空洞及空洞大小、果肉硬度、肉质粗细、纤维多少、汁液多少及颜色均因品种不同而不同。特别是果实的风味和香气不同品种间差异很大。风味有酸、甜酸、酸甜、甜、苦等。香气有标准的草莓芳香、玫瑰香、茉莉香、槐花香、桑葚香、杏香、桃香等。果皮的韧性、果实的硬度及果实含水量多少直接影响果实耐储运性。果实的大小与品种、栽培条件、果实着生的位置等有关。同一品种果实的大小因级序而变化，一级序果最大，一般为15～50g，最大可达100g以上，花序上级次越高的花结的果越小，采收越费工，一般四级序果就失去了商品价值，而成为无效果。

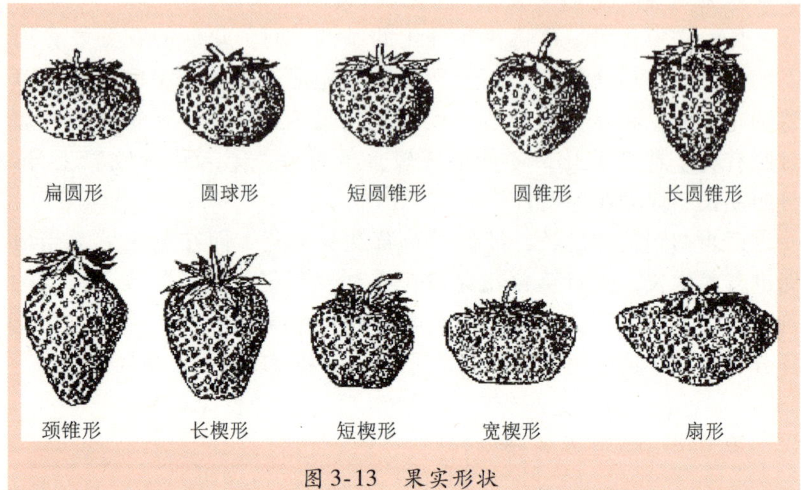

图 3-13　果实形状

在开花后 15 天内，果实生长发育缓慢；开花后 15 ~ 25 天，果实迅速膨大，1 天平均可增加 2g 左右；最后 7 天，生长发育又趋缓慢，如石莓 4 号、石莓 5 号、石莓 6 号、达赛莱克特四个品种的果实体积和重量发育曲线图（图 3-14）。

草莓果实的生长曲线呈典型的“S”形。其体积的增大，决定于细胞数目、细胞体积和细胞间隙的增大。受精后子房迅速发育形成瘦果，其周围的花托逐渐膨大而成为果实。果实的细胞分裂，除髓部外，在开花时就已经结束。也就是说，果实细胞数目在开花前就已大体决定，开花后果实的肥大，主要决定于细胞的增大。髓部的细胞间隙随着果实的膨大而增大，因此大果往往出现髓部中空的现象。

花托中不含生长素，而种子中含有生长素（吲哚乙酸）等，因此种子的存在，是果实膨大的重要内因，种子的多少决定了果实的大小，种子数目越多，果实越大。种子的存在位置，影响果实的形状，在局部去除种子，则果实无种子的部位不膨大，而有种子的部位膨大，便形成畸形果。种子数的多少既与授粉受精是否充分有关，也与开花前花托上分化的雌蕊数有关，雌蕊数多，种子数才可能多。因此，加强花芽分化和开花前期的管理，保证花芽分化良好，是获得果个大、品质优的基础。

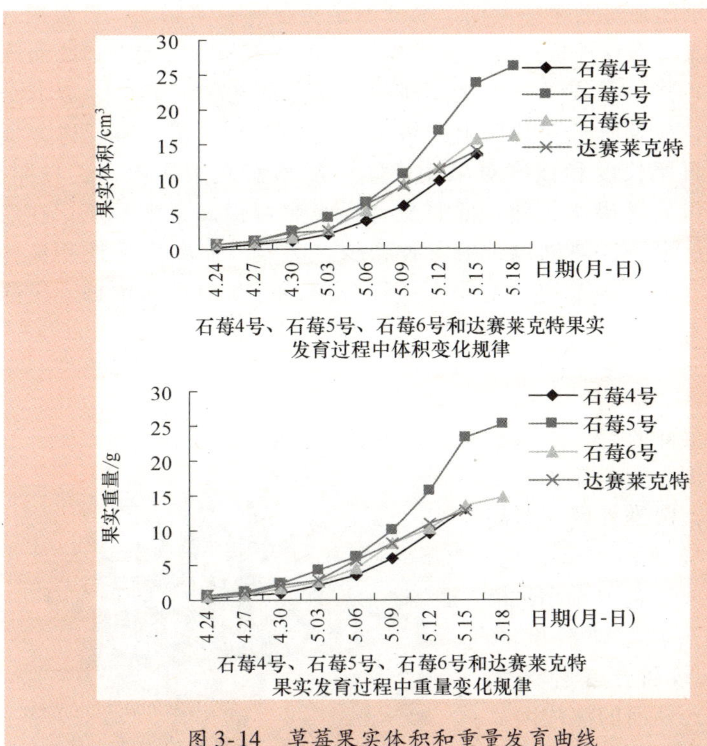

图 3-14　草莓果实体积和重量发育曲线

伴随着果实的膨大，果实逐渐成熟，其显著变化是果实的着色。先是褪绿变白，接着渐渐变红，并具有光泽。进一步果肉着色，达到完熟。种子最初绿色，当果实着色时变成黄色、黄绿色或红色。果肉随着成熟变软，放出特有的芳香味，酸甜适度，味美可口。草莓果实是否成熟，其判断可依据着色和软化的程度。实际栽培中，因为果实在运输过程中成熟度继续增加，所以应考虑销售前的流通时间，在果实未完全成熟时就采收。

草莓从开花到果实成熟，一般需 30 天左右。露地条件下，北方果实成熟期一般为 5 月上中旬至 6 月上中旬。由于草莓花期长，果实采收期也长，露地栽培长达 30 天左右，保护地栽培长达 4 ~ 6 个月。温度对果实生长发育有明显的影响，温度较低有利于果实膨大。温度过高则果实小，成熟早。对草莓适时适量灌水，可促进果实膨

大，特别是果实迅速膨大期，水分不足会影响果实膨大。低级次花易出现雄性不育现象，但只要授粉好就可正常坐果发育；而高级次花往往不能坐果或坐果不良。同一花序上的果实间相互争夺养分和水分，应及时疏除花序上高级次的花蕾及畸形果，可促进果实膨大。日照长度和强度对果实成熟和品质有较大影响，长日照、强光照可促进果实成熟，低温配合强光照可提高果实品质。在温暖地带，夏季炎热高温，果实香味少且味淡。而在高冷地和高纬度地区，由于低温和一定程度的强日照，可获得香味浓郁、风味佳的果实。

二 种子

草莓种子实际上是受精后的子房膨大形成的瘦果，俗称“种子”。种子（图 3-15）附着在果实表面，由维管束与髓部相连。成熟种子呈红色、黄绿色或黄色，粒小，果皮（种皮）坚硬不开裂，内有 1 枚种子。种子大小、嵌入果面的深浅因品种不同而不同，有平于果面、凸出果面和凹入果面 3 种嵌入方式。不同品种或同一品种不同果实上着生种子的数量不同。一般果实体积越大，种子数量越多。种子数量的多少还与授粉受精的好坏，尤其是花前雌蕊分化的数量有关，雌蕊越多，种子才有可能更多。因此，加强花芽分化和花前的管理，有利于提高大果率。草莓种子是有性繁殖器官，在生产上基本不用种子繁育苗，其主要用于杂交育种培育实生苗。

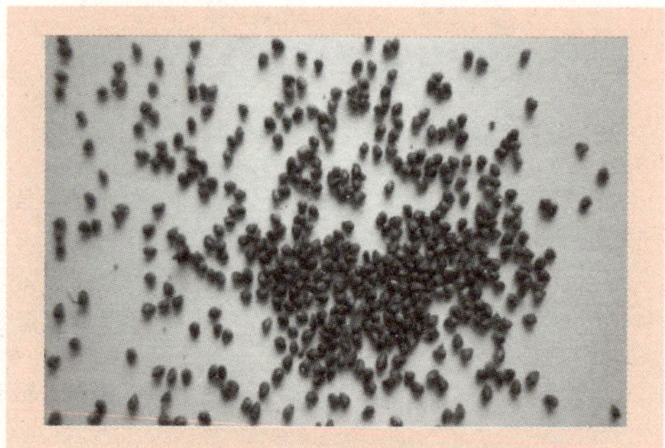
图 3-15　草莓种子

第六节　草莓的休眠

草莓植株进入休眠，是一种抵御严寒的生理状态，是耐寒越冬

的适应现象。晚秋初冬以后，日照变短，气温下降，当气温降到10℃以下时，植株生长逐渐减弱。当气温降到5℃以下时，植株地上部的生长发育相对停止，开始进入休眠，新叶叶柄短，叶面积小，叶片着生角度开张，植株矮化，不再发生匍匐茎，呈矮化匍匐状态，草莓即处于休眠状态（图 3-16）。在适宜环境或保护下，草莓休眠期叶片不脱落，能保持绿叶越冬。在北方产区，冬季若不注意覆盖保护，叶片就会枯死。

草莓植株在休眠期间，其体内仍然进行着微弱的生理活动，休眠期只是相对其生长期而言的。如果把进入休眠的草莓植株移到温室保温，则新叶会慢慢展开，且因花芽已经分化，也能开花结果。但新叶的叶柄、叶身均短，叶面积小，受光面积小，花梗短，果实小，产量很低。

图 3-16 草莓休眠状态

与温带落叶果树一样，草莓的休眠根据其生态表现和生理活动特性可分为两个阶段，即自然休眠和被迫休眠。自然休眠是由草莓本身生理特性所决定的，要求一定的低温条件才能顺利通过，此时，即使给予适于植株生长的环境条件，仍将继续处于生长不正常的休眠状态。被迫休眠是草莓在通过自然休眠之后，由于环境条件不适所引起的休眠状态，此时，只要给予适当条件，草莓即可正常生长发育，半促成栽培就是基于这一原理。

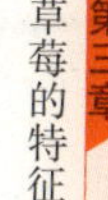

草莓休眠开始期，并非是植株休眠状态出现期，休眠实际开始期比这更早。在花芽分化后不久，草莓植株即开始进入休眠，之后渐渐加深。一般在 11 月中下旬，休眠处于最深状态。品种和气候条件不同，休眠开始期也不同。草莓自然休眠期长短因品种对低温需求量多少而异。打破休眠所需 5℃以下低温的时间如春香 20 ~ 40h，丰香 50 ~ 100h，宝交早生 400 ~ 500h，达娜 500 ~ 700h 等。

在花芽分化后，为适应环境条件，草莓植株体内会发生一系列的生理变化，随即开始进入休眠。致使休眠的主要因子是短日照、低温等外界条件，植株体内内源激素的平衡发生相应的变化，赤霉素等生长促进物质减少，而脱落酸等生长抑制物质增多。试验结果表明，日照比温度对草莓的休眠影响更大，休眠主要由秋季的短日照引起。在 21℃、短日照条件下，草莓植株开始休眠，而在 15℃、长日照条件下却难以进入休眠。引起休眠的日照条件因品种而异，有的品种在 12h 以下，有的则在 9h 左右。

以提早上市为目的的栽培中，可人为打破草莓休眠，促进其提早生长发育。这一措施主要应用于半促成栽培。对促成栽培而言，因所选用的品种休眠浅或无明显休眠期，人为地阻止其进入休眠，所以无需人工打破休眠。打破草莓休眠的条件是低温和长日照，只要经历充足的低温期间，休眠就可打破，如果再加上长日照，就更有助于打破休眠。草莓休眠所需低温量不足，休眠打破不完全，则植株生长矮小，发生匍匐茎少或不发生匍匐茎，影响开花结实，甚至可改变开花的状况，使普通草莓具有四季结果的特性，夏季也能开花结果。反之，若草莓植株休眠期经历的低温期过长，又会引起徒长。因此，在半促成栽培中应注意品种的选择和适时保温。在北方自然条件下，冬季低温有利于草莓顺利通过自然休眠。打破草莓休眠可采用植株冷藏、电照、喷布赤霉素等多种措施。

第四章 草莓对环境条件的要求

草莓是一种适应性比较强的多年生草本植物，生态类型较多，目前世界上大多数国家都有草莓栽培。但是草莓对环境条件也有一定的要求，草莓是喜光植物，适宜凉爽气候。在草莓与环境的关系中，影响最大的是温度和日照长度，同时水分、土壤等条件也是草莓生长发育的必要因子。

一 土壤

草莓适应性较强，在多种土壤中均能生长，但要获得优质高产，就必须有良好的土壤条件。草莓是浅根系植物，根系主要分布在20cm以内的表层土壤中，极少数根系可深达40cm以下土层。因此，表层土壤的结构、质地及理化特性对草莓的生长发育影响很大。草莓最适宜栽植在疏松、肥沃、透水、通气良好、地下水位不高于80cm的土壤中。在沙质土壤上，保水保肥能力差，易流失，如果能改良土壤，多施有机肥，勤灌水，也可以种植草莓。黏壤土虽具有良好的保水性，较肥沃，但是排水性能较差，土壤通气不良，根系呼吸作用及其他生理活动受抑制，易发生根腐烂现象，同时果实品质较差，果实含水量高、味淡、易感病、不耐储运等。一般沼泽地、盐碱地、石灰土、黏重土均不适宜栽种草莓。

草莓适宜在酸碱度为中性或微酸性的土壤中生长，其要求pH为5.8~7，pH在4以下或8以上时，就会出现生长发育障碍。

草莓要求有机质含量较丰富的土壤，表层土壤有机质的含量要达到1.5%~2.0%，才能生长良好。有机质低于1.0%，植株长势弱，产量低，果实品质差。所以栽种草莓之前应翻耕土地，施足基肥，这些是获得优质高产的基础。

草莓对土壤中氮、磷、钾含量有一定的要求。据日本宫本重信试验，每公顷产草莓45000kg，需要氮195kg、磷75kg、钾225kg。草莓不同的发育期对氮、磷、钾的需求量不一样。氮是植物的主要营养元素，它对植物的生长、发育、产量、品质都有重要的影响。氮促进新茎的生长及叶柄加粗，加大叶面积，使叶色浓绿，叶绿素含量高，提高光合效率；增加花芽量，提高坐果率，对草莓产量影响较大。但过量的氮肥易引起植株徒长、萼片和新叶尖端及叶边缘焦枯，还会引起氨气中毒或亚硝酸气中毒。花芽分化期、开花坐果期增施磷、钾肥，能有效地促进花芽分化，增加产量，提高果实品质。特别是春季增施磷、钾肥，对果实膨大，增加果实的香气和风味有明显效果。同时，草莓不耐盐、碱。因此，要全面合理施肥，并保持土壤一定含水量，才能达到优质高产的目的。

二 水分

草莓根系浅，植株小，叶片大而多，蒸腾量大，而且植株整个生长期不断进行新老叶片的更替，抽生大量的匍匐茎、新茎，发育果实，这就决定了草莓对水分要求较高。

草莓的整个生长季节，土壤持水量在60%左右，便可满足其生长发育的要求。但草莓在其不同的生长发育期对水分的敏感程度不一样。一般来说，秋季定植后，外界温度尚高，因为植株蒸腾量大而又没发生多少新根，所以为保证幼苗顺利成活，应保证水分供应，避免因缺水而造成死苗。冬季为使草莓安全越冬，不使土壤干裂，越冬前应灌足封冻水，否则会因土壤干裂而造成断根、死根。越冬后草莓开始生新根、萌芽生长，应视土壤墒情适当灌水。现蕾到开花期，要保证充足的水分供应，此期土壤持水量应不低于最大田间持水量的70%，否则花期缩短，花瓣卷于花萼内不展开而呈现枯萎。果实膨大到成熟期，需水量较大，土壤持水量不应低于80%，否则坐果率低、果个小、品质差、产量低，但是该期灌水应处理好果实膨大与烂果的关系。果实成熟期，应适当控水，以利果实成熟和顺利采收，防止果实脱落和腐烂，提高浆果质量，特别是果实的甜度和风味。果实采收后，进入茎叶生长期，为了多繁殖秧苗，应注意灌水，以促进匍匐茎生长及扎根成苗，一般要求土壤持水量在70%左右。伏天草莓几乎停止生长，对水分没有特殊要求，只要不干枯就行。水分过多，高温高湿易烂根死苗。秋季，草莓进入第三个生长期，在茎叶生长的同时，植株要积累养分，并进行花芽分化，此时应保证适当的水分供应，要求土壤持水量在60%左右。入冬前茎叶停止生长，花芽已基本形成，这时要适当控水，使植株生长充实，以利于越冬。

草莓虽然对水分要求较高，但也不耐涝。土壤水分过多或积水，根系呼吸受阻，影响根系和植株的生长，严重时，叶片失绿变黄、萎蔫、脱落，甚至整个植株死亡。土壤水分过多时，草莓抗病性降低，病害严重，果实品质变劣，烂果增多。因此，雨季或暴雨后，要注意草莓园排水，并适时中耕。

三 温度

草莓对温度的适应性较强，其生长发育期要求较凉爽的气候。但不同的品种、植株的不同部位及不同的生长发育期对温度的要求不同。草莓植株生长的适宜温度为18～23℃，春季生长如遇到－7℃的低温就会受冻，－10℃时大多数植株会冻死。一般在早春，早熟品种不如晚熟品种耐寒，而在初冬，晚熟品种不如早熟品种耐寒。

根系在2℃时便开始活动，10℃时开始形成新根，根系最适生长温度为15～20℃。初春当地温稳定在2～5℃时，15天以后，白色越冬的主轴根开始微量加长生长。10℃时，根系主要是加长生长，侧根少有发生，并有新的不定根从茎基产生。在20～23℃时，4天后即有新根生长，仍以加长生长为主，15天后从茎基萌生的新不定根可以长到2cm左右，生长迅速，这时新根总生长量也最大。25℃时，虽有不定根从茎基萌生，但由于侧根生长迅速，使得不定根生长速度变慢，但仍高于15℃时的生长速度。到28℃时，虽然有少量新不定根从茎基萌发，但生长速度很慢。从根状茎上萌发新不定根的适宜温度为10～29℃。6～8月，天气炎热，气温较高，当温度达到30～35℃时，根系生长就会受到抑制，此时既无主轴根的加长生长，

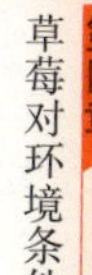

也无新不定根从茎基萌生，只有新侧根在黄色和褐色的主轴根上少量产生。温度到36℃以上时，新根均无产生。38℃时原侧根很快变褐，主轴根从先端开始坏死，4天后根系变黑，地上部逐渐枯死。因此，在生产上，特别是在盛夏炎热地区，应采取一定的保护措施。如覆草、遮阴、适当灌水或暂时不拔杂草等，使其安全越夏。秋季温度降低到7～8℃时，生长减弱。冬季当土壤温度降至－8℃时，草莓根系便受到伤害，－12℃时会被冻死。因此，冬季寒冷地区，应及时采取覆盖措施，以便草莓能安全越冬。

地上部在5℃时开始萌芽，茎叶开始生长，至15℃时为缓慢生长期。草莓生长发育及光合作用的最适温度为20～25℃。25℃以上时生长缓慢，30℃以上时生长和光合作用便受到抑制，低于5℃时地上部分便停止生长，低于3℃时老叶变红，低于0℃老叶干缩，经－5℃左右的重霜，叶片受冻干枯，只留心叶越冬。生产中常用地膜或其他覆盖物覆盖等措施，保持叶片绿色并安全越冬。

花芽分化要求气温不能低于5℃，但必须低于17℃，才能进行正常花芽分化，否则花芽分化就会停止。花芽分化的适宜温度为9～17℃，在－15～－10℃时，花芽就会发生冻害，低于－20℃时常常被冻死。一般草莓在平均温度达到10℃以上时开始开花，开花期适宜温度为25～28℃。花药开裂的临界温度为11.7℃，适宜温度为13.8～20.6℃。花蕾抽生后遇30℃以上高温花粉发育不良，花粉发芽的最适温度为25～27℃，45℃时抑制花粉发芽。如果花期遇到0℃以下低温或霜害时，可使柱头变黑，丧失受精能力。如果花期温度高于40℃也会阻碍授粉受精，影响种子发育，导致畸形果。落花后，温度对果实的膨大、着色及成熟影响较大。果实膨大期白天适宜温度20～25℃，夜间温度6～8℃，较高的昼温能促进果实着色和成熟，但果实个小，采收期提早。夜温低有利于养分积累，促进果实膨大，过低的温度，果实虽然膨大但着色不良，成熟晚。在17～30℃的范围内积温达600℃左右可以着色成熟，一般平均气温为20℃时需30天，30℃时需20天就可以成熟。

匍匐茎在10℃以上的温度和12h以上的长日照条件下开始发生，如果接受低温时间不够，则不发生匍匐茎，长日照越长发生匍匐茎就越多。5℃以下的低温是草莓休眠所需温度，不同的品种所需低温量有一定差异。满足所需低温量后给予 -2~10℃的温度和长日照，经过20~30天便可以打破休眠，打破休眠的最适温度为2~6℃。

四 湿度

草莓生长发育要求适宜的空气湿度，具有适宜的空气湿度植株才能良好生长、开花结果，湿度过大或过小都会造成生长发育不良。露地栽培，特别是开花结果和幼果生长期，对空气湿度要求较高，若此时高温干旱，空气湿度过小，会使花及幼果干缩，此时应注意灌水或遮阴。湿度管理在保护地栽培中也处于十分重要的地位。扣棚后，日光温室内的湿度一般较室外的湿度大。通常湿度在一天中的凌晨达最大值，随着太阳升起湿度逐渐变小，12点至下午2点是一天中湿度最小的时候，傍晚太阳落下后湿度又逐渐增加。当空气湿度在40%~50%时，草莓花药的开裂率最高，花粉发芽率也最高；若空气湿度达80%以上，则花药的开裂率很低，花粉无法正常散开，而且发芽率也低。因此，在草莓开花时期，日光温室内的湿度应控制在40%~50%的范围内，以利于花粉散出和花粉发芽。整个生长期都要尽可能降低日光温室内的湿度，因为温室内湿度过大，容易发生病害，影响草莓的正常生长发育。除了通过覆盖地膜及膜下灌溉来降低温室内湿度以外，还要特别重视换气，即使在寒冷的冬季，也要在近中午时放顶风换气，这样做可以大大降低温室内的湿度。

五 光照

草莓是喜光植物，但又比较耐阴，在覆盖下越冬的叶片，仍能保持绿色，第二年春季还能继续进行正常的光合作用。在幼龄果园或葡萄园中间作，既有充足的光照，又有适当的遮阴条件，植株生长旺盛，叶片绿色深，花芽发育好，结果良好，能获得较高的产量。但是，种植在较密或大树遮阴严重的园内，由于光照不足，植株长势弱，花序柄和叶柄细长，叶片色浅，花朵小，有的甚至不能开放，果实小，风味酸，着色不良，品质差，成熟期延迟，产量低。秋季光照不足时，就会影响花芽形成，植株生长衰弱，根状茎中储存的

淀粉等营养物质少，抗寒能力差，常常会引起越冬死亡。促成栽培中，草莓在冬季开花时容易出现光照不足，必要时在大棚内铺反光膜或补充光照，以促进开花结果。当然，在强烈的阳光下，草莓易受干旱和酷热危害，根系生长差，叶片变小，严重时植株成片死亡。

光是草莓生存的重要因子，太阳辐射强度、光谱成分及日照长度影响草莓的生长发育，无光不结果。在光照中，光周期的长短对草莓生长发育的影响更为重要，草莓品种不同对光周期的反应也不一样。不同生长发育时期对光照条件的要求不同。一般品种在开花结果期和旺盛生长期，适宜12～15h的长日照，花芽分化期要求10～12h的短日照和较低的温度。16h以上的日照下生长旺盛，但不能形成花芽，甚至不能开花结果。草莓在花芽分化前经受短日照，在花芽分化后经受长日照处理，能促进花芽的发育和开花。同时匍匐茎的发生是在长日照条件下，温度较高时形成较多，而在低温短日照的条件下则不能形成匍匐茎。草莓的新茎往往是在日照较短、匍匐茎不能形成或日照过长花芽不能分化时形成的。

六 二氧化碳和其他气体

二氧化碳是草莓进行光合作用的主要原料。一般情况下，空气中二氧化碳浓度很低，通常在200～300mg/L。特别是保护地栽培草莓，棚内二氧化碳的含量在一天内不断变化，下午6点闭棚后，棚内二氧化碳含量逐渐增加，日出前达最高，升至500mg/L左右，日出1h后，二氧化碳含量逐渐下降，上午9点降至100mg/L左右，虽然经通风使棚内二氧化碳含量有所回升，但仍在300mg/L以下。因此，棚内二氧化碳含量低是影响草莓生长发育的因素之一。保护地栽培草莓时补施二氧化碳可以使草莓叶片明显增厚，叶色浓绿，果个增大，成熟提前，增产15%～20%。但二氧化碳含量不能过高，含量高于饱和浓度时，会造成二氧化碳气体中毒，棚内补充二氧化碳含量不宜超过1600mg/L。中毒后植株气孔开启较小，水蒸腾作用减缓，叶内的热量不易散出去，而使体内温度过高导致叶片萎蔫、黄化和脱落。此外，二氧化碳含量过高时，叶片内淀粉积累过多，会使叶绿体遭到破坏，反而会抑制光合作用的进行。如保护地施用氮肥太多，密闭条件下分解出来的氨和二氧化氮气体达到一定含量时就会危害草莓。

在加热温室里，由于煤燃烧不完全和烟道有漏洞，易产生一氧化碳和二氧化硫气体，尤其是二氧化硫气体对草莓危害很大，能使叶缘和叶脉间细胞很快致死，出现小斑点，受害重的叶片或植株黄枯。农用塑料薄膜等制品在使用过程中，经阳光曝晒，在高温下也可挥发出乙烯和氯气等有毒气体，它们使草莓叶片变黄致死，其中氯气的毒性比二氧化硫大 2 ~ 3 倍。因此，大棚草莓及时通风换气，不但有利于室外二氧化碳流入室内，而且还使棚内的毒性气体排出室外。

七 其他环境因素

在草莓生产过程中，地势和大风等也影响草莓的生长和发育。

如果草莓被种植在海拔较高的地区或高山，就会由于气温过低而影响开花结果。冬季严寒时，植株越冬困难；但春季回暖后，高海拔地区种植草莓，因其昼夜温差较大，产生的草莓果实光泽好、品质优、硬度大、耐储运性好。如河北省的坝上地区，春天 4 月中下旬定植，7 月草莓成熟上市，如果利用保护地栽培可将草莓成熟期延至 10 月，正值坝下地区草莓空档淡季，效益十分可观。在温度较高的地区，可利用高山冷凉气候进行育苗，促进草莓苗提前花芽分化，解决高温地区草莓植株无法进行花芽分化的难题，实现草莓异地栽培。一般来说，海拔每升高 100m，气温可下降 0.6℃，因此，在海拔 1000m 的高山上，山顶的温度比地面的低 6℃。

微风可促进空气交换，增强蒸腾作用，改善光照条件和光合作用。微风还可消除辐射霜冻，降低地面高温，免受伤害，减少病害。同时微风利于授粉结实。但是大风天气对草莓不利，影响光合作用，蒸腾作用加强，易发生植株干枯。部分品种的果柄和叶片质地较脆，如遇大风天气，会使叶柄折断、叶片刮破或局部变黑绿，最后变成干褐色失去功能。如果花期大风，就会影响昆虫活动及传粉，柱头变干快，从而影响授粉受精。果实成熟期遇大风天气，易吹落或擦伤果实，造成严重减产。大风引起土壤干旱，影响根系生长，吹走沙土地的营养表土。特别是设施栽培，生长发育期外界温度低，大风将保温设施刮掉或吹开，会严重影响设

施内的草莓生长发育，冻伤花果，损失惨重。因此，一定要注意天气预报，及时防风。连阴雨天气不仅光照不足，还造成温度降低，湿度增大，不利于叶片进行光合作用，不利于果实生长发育及成熟，同时病害加重，烂果率提高，特别是保护地栽培，将严重影响产量和质量，减少收入。

第五章 草莓繁殖方式及育苗技术

第一节 草莓繁殖方式

草莓苗的繁殖方式有匍匐茎繁殖、母株分株繁殖、微繁殖、种子繁殖等方式。前 3 种属于无性繁殖，后代能与亲代保持完全的一致性；种子繁殖属于有性繁殖，后代变异程度很大，跟亲本有很大的区别，所以生产上不会利用种子进行秧苗繁殖。

一 匍匐茎繁殖

匍匐茎是草莓的主要繁殖器官，发生匍匐茎的植株叫母株，母株是匍匐茎营养生长的第一个营养供给源，发生匍匐茎的多少与母株的健壮充实程度直接相关。从母株上发生的匍匐茎本来与花序是同源，二者能根据栽培环境条件的变化而相互转化。一般来说，花芽分化和匍匐茎的发生均以日照 12h 为界，气温以 20℃ 为界，高温发生匍匐茎，低温引起花芽分化。但是，经过低温时间的长短对匍匐茎的发生数量能起决定性作用，如促成栽培，植株未经过低温处理就覆盖大棚薄膜的匍匐茎发生数量少；露地栽培经过低温时间长，发生匍匐茎的数量就多。绝大多数的草莓品种都有发生匍匐茎的能力，发生匍匐茎的多少与品种特性、母株定植时期、栽培管理条件以及环境条件等因素有关。

利用匍匐茎繁殖秧苗（图 5-1）是草莓生产上普遍采用的繁殖方法，方法简单，管理方便，既可利用生产田直接采苗，又可建立专门的育苗圃。但一般应采用专门的育苗圃进行育苗，在专门育苗圃内，每亩一年内可繁殖3万株壮苗。这种方法繁育的秧苗生命力强，生长旺盛，进入结果期早，当年秋天定植，第二年就能开花结果。新形成的匍匐茎苗还可抽生匍匐茎，通常一个母株能发生5~15个匍匐茎，每个匍匐茎可生长3~5个幼苗。这些匍匐茎苗以发生早的、距离母株近的生长旺，质量好，不易染病。

图5-1 匍匐茎繁殖草莓秧苗

二 母株分株繁殖

母株分株繁殖又称根茎繁殖或分墩繁殖（图5-2）。这种方法适用于两种情况：一是需要更新换地的草莓园，将所有植株全部挖出来，分株后栽植；二是用于某些不易发生匍匐茎的草莓品种。

图5-2 母株分株繁殖

采用母株分株繁殖时，应在果实采收后，及时加强对母株的管理，适时地进行施肥、浇水、除草、松土等工作，促使新茎腋芽发出新茎分枝。当母株的地上部有一定新叶抽出，地下根系有新根生长时，将母株挖出，剪掉下部黑色的不定根和衰老的根状茎，选择上部1~2年生根状茎逐个分离，这些根状茎上具有5~8片健壮叶片，下部应有4~5条长4cm以上的米黄色、生长旺盛的不定根，分离出的根状茎可直接栽植到生产园中，定植后要及时浇水，加强管理，促进生长，第二年就能正常结果。

这种分株的繁殖方法繁殖系数较低，一般3年生的母株，每株只能分出8~14株适宜定植标准的营养苗。这种分株的新茎苗，多带有分离伤口，容易受土传病菌侵染而感病。但分株繁殖法不需要专门的繁殖田，不需要摘除多余的匍匐茎和在匍匐茎节上压土等工作，可节省劳力和成本。在分株繁殖时，对只有叶片没有须根的根状茎营养苗，可保留1~2片叶，其余叶片全部剪掉，然后进行遮阴扦插育苗，经过精细管理，使其发根长叶后在秋季定植，越冬前能培育成较充实的营养苗。

三 微繁殖

利用微繁殖育苗，近年来在国际上发展很快，我国也已经开始采用。微繁殖是通过组织培养的手段进行繁殖。草莓微繁殖时将草莓茎尖（约0.5mm）接种在培养基上，诱导出幼芽，在试管中通过腋芽萌发增殖，试管苗经过驯化后移栽到育苗圃中（图5-3）。微繁殖最大的优点是可以获得脱毒种苗，其后代生长势旺盛，整齐一致，果实品质优良，增产效果明显。

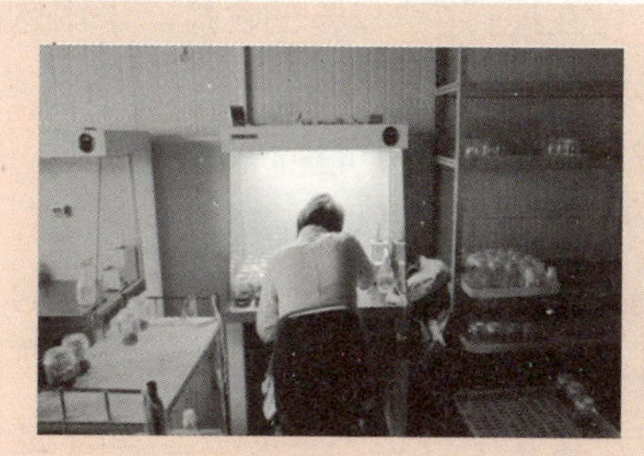

图5-3　利用组织培养方法微繁殖草莓脱毒苗

四 种子繁殖

用种子繁殖（图5-4）的草莓苗，由于成苗率低和性状分离，不能保持原品种的优良特性，所以生产上不采用。但为了杂交育种及选育新品种，为了从远距离引种，为了对某些难于获得营养苗的品种进行

遗传基因保留，需要进行种子繁殖。种子繁殖的草莓苗生长旺盛，根系发达，不容易衰老，对不良环境条件适应能力强。一般实生苗经过10～16个月就开始结果。

图5-4　种子繁殖草莓苗

种子繁殖应从优良单株上选择充分成熟的果实，然后将种子取下，摊开晾干，最后将晾干的种子装入袋内保存。剥取少量草莓种子，可用镊子、小刀或牙签将种子取下，平铺在纸上阴干；或用刀片削下带种子的果皮，平铺在纸上阴干，然后将种子取下，也可将带种子的果皮放入水中，清洗浆液后捞出种子晾干；或者把整个果实包在纱布内揉搓，挤出果汁后再用水清洗，滤出种子，摊开晾干，最后将晾干的种子除去杂质，装入袋内保存。但上述方法比较费工，最简单、安全、快速的取种方法是采用工具法脱粒，就是用高速组织捣碎机或打浆机分离种子，迅速把草莓种子脱粒。把选好的果实除去果柄，在水中冲洗干净，按果实与水1∶1的重量混合，倒入高速组织捣碎机或打浆机的杯中，用慢速搅拌20s，静止3～5min后可使种子与捣碎液分离，为了加速捣碎液澄清，可在搅拌前加2%的食盐。采用这种方法脱粒，每千克鲜草莓可获得10.2～11.2g种子，脱净率在95%左右，种子不损坏，对发芽无影响，较人工脱粒工作效率可提高8倍以上。

在室温条件下草莓种子的发芽力可保持2～3年。草莓种子没有明显的休眠期，可随时播种，一般春播或秋播较好。为了提高种子的出苗率，播前将种子包在纱布袋内用水浸泡24h，然后放在冰箱内，经0～3℃低温处理15～20天进行播种，发芽率可达70%以上。如果播前对种子进行层积处理1～2个月，也能提高发芽率和整齐度。也可在播种前将种子浸泡12h，种子膨胀后播种效果也不错。在播前不加任何处理的也能出苗，但出苗较晚，出苗率较低且出苗不整齐。

草莓种子粒小，适宜播在育苗盆或育苗盘内，盆内装入肥沃、疏松并经过筛的细营养土，如在苗床播种，土壤要平整好，多施腐熟厩肥。播种前先浇透水，水渗后在土面上均匀撒播，然后覆盖

0.2～0.3cm 厚的细土。为保持表层土壤湿润，在播种盆上可蒙上塑料薄膜，这样还能增加土温，提早出苗。在 20～25℃条件下，播种后 15 天即可出苗，幼苗生长 2～3 个月，长出 1～2 片真叶时进行分苗。可将幼苗栽入装有营养土的小盆或育苗钵中，也可栽入纸袋营养钵，每盆栽一株，摆入育苗床进行精心培育，待苗长到 4～5 片复叶时，即可带土移栽到大田或育苗圃内，进行进一步培育。一般春播的秋季即可大田定植，秋播的要在第二年春季才能定植，因为幼苗弱小，越冬能力差，冬前定植不易越冬。

第二节　草莓育苗技术

培育优质壮苗是草莓高产优质的基础。草莓的产量，是由花序数、开花数、坐果率、低级序果重比例、果实大小和单位面积总株数等因素构成的，而这些因素与植株的营养状况和生长发育状态有密切的关系。目前国内繁育草莓生产苗的方法主要有两种：一是在专用繁殖圃中用脱毒苗繁育生产用子苗，二是利用生产田直接进行繁育。第二种方法繁殖系数小，子苗质量较差，病害严重。因此，重点推广第一种秧苗繁育方法。

一　地块选择

育苗圃应选择土质疏松、有机质含量在 1.5% 以上、土壤肥沃的沙壤土，排水及浇水方便的地块，土壤的环境质量应符合无公害草莓产地的土壤环境质量要求。切忌选用土质黏重的地块，前茬不能是马铃薯、茄子、辣椒等易与草莓产生共生病害的作物。最好是选择没有栽过草莓的地块进行育苗，如果是重茬地，育苗前要进行土壤消毒。

二　整地与施肥

苗圃选好后，彻底清除其上的残枝、枯叶及杂草，然后进行全面深翻。在母株定植前应施足底肥，亩施腐熟的农家肥 5000kg，过磷酸钙 30kg 或磷酸二铵 25kg。耕翻深度为 30cm，耕匀耙细耙平。育苗圃可以采用平畦和高畦栽培（图 5-5）。一般平畦宽 1.2～1.5m、长 20～30m，畦梗高 10～15cm、宽 20～30cm，要注意修好排水沟。

高畦高度为10～15cm，畦间距为30cm。对夏季雨水较多地区，高畦有利于排除积水，但浇水困难，最好安装滴灌或喷灌设施。

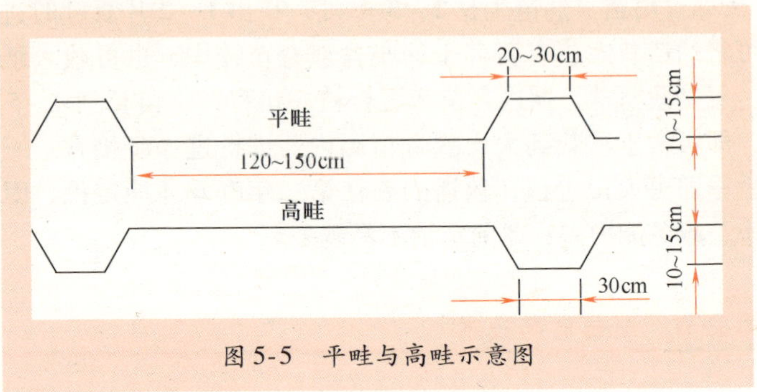

图5-5　平畦与高畦示意图

三　母株选择与定植

生产者可直接购买原种苗进行生产苗的繁殖。原种苗选择标准是：品种纯正，根系发达，无病虫害。原种苗的母株一般比生产田选留的母株健壮程度要略差一些，这是组织培养脱毒苗繁殖第一代的共性，但用它繁殖出的第二代生产苗，则非常健壮。春季当日平均气温达到10℃以上时定植母株，一般年份华东地区在3月中旬，华北地区在3月下旬至4月上旬，东北地区在4月下旬至5月上中旬。将母株单行定植（图5-6）在畦中央，株距50～60cm，对于匍匐茎繁殖能力低的品种，每畦栽2行（图5-7），行距60～80cm。在苗床上按栽植密度刨穴，将母苗放入穴中央，让根系完全舒展开，培细土压实，然后浇透水，栽植深度为秧苗新茎基部与床面平齐，做到“深不埋心，浅不露根”（图5-8）。

图5-6　单行定植

图5-7　双行定植

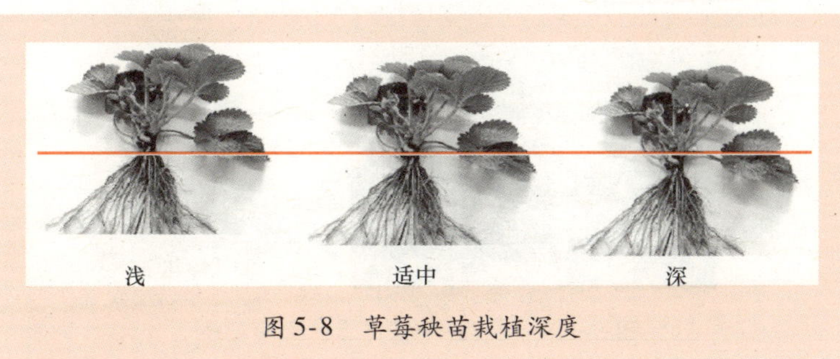

图 5-8 草莓秧苗栽植深度

四 苗圃地的管理

1. 灌溉

采用喷灌（图 5-9）或漫灌（图 5-10）的灌溉方式均可，有条件的地区最好采用微喷灌的方式。微喷灌采用微喷头将水流以细小的水滴喷洒在草莓植株附近进行灌溉，微喷灌类似细雨，在灌溉过程中泥土不会飞溅到草莓植株上，不会损伤草莓植株，有利于减少病害的发生。定植后应立即浇一遍透水，连续浇 3 次，保证秧苗成活。土壤相对湿度应保持在 60% 以上，可成倍提高繁殖子苗的数量。

图 5-9 喷灌灌溉

图 5-10 漫灌灌溉

2. 去除花序

在早春繁苗母株抽生的花序应及时去除（图 5-11），去除花序时尽量远离根部，以免带动根部活动而拉断毛细根，这样可以节省养分，有利于匍匐茎的发生和幼苗生长，提高子苗质量，这是培育优质生产苗的关键。摘除花序的时间越早越好。

图 5-11　及时去除繁苗母株上的花序

3. 去除老叶和病叶

当母株上的新叶展开后，应及时去掉老叶、枯叶和病叶（图 5-12），去除病老枯叶可以减少植株消耗养分，利于植株通风透光，减少病害的发生。去除病老枯叶的方法是：一只手扶住植株，另一只手拿住叶柄，轻轻地将整个病叶或老叶掰下来，注意将托叶鞘一并去除，防止托叶鞘传染病害。

图 5-12　繁苗田去除病老枯叶

4. 追肥

缓苗后，叶面喷施 0.2%～0.3% 的尿素 1 次。在幼苗大量发生时期，每隔 20 天应对母株进行一次根外追肥，亩施氮、磷、钾三元素复合肥 15kg，或速效尿素 10kg，并喷施 2～3 次氨基酸复合叶面肥，促进壮苗。8 月停止使用氮肥，防止出现旺长而影响花芽分化，应改喷 0.5% 磷酸二氢钾 2 次。

5. 喷赤霉素

喷施赤霉素可以促进匍匐茎的抽生，尤其是对匍匐茎发生能力较弱的品种，用赤霉素处理，可以促发匍匐茎，扩大繁殖系数。在 5～6月用 40～60mg/L 的赤霉素喷布苗心，选择在多云、阴天或傍晚时喷洒赤霉素，每株喷 5～10mL，对促进萌发匍匐茎有明显的效果，同时又可抑制植株开花。开花期摘除花序，不让其结果，不仅能减少营养消耗，对匍匐茎萌发也能起促进作用。赤霉素的使用剂量要严格掌握，剂量过低，促发匍匐茎的效果不明显，剂量过高，会导致母株徒长。

6. 引茎、压茎

匍匐茎伸出后，要及时引茎，使匍匐茎在母株四周均匀分布（图5-13），避免重叠在一起或疏密不均匀，影响子苗的成长。当匍匐茎长到一定长度出现子苗时，一般子苗有两片叶展开时培土压蔓，以促进子苗生根和加速生长。

7. 遮阴

对部分耐热性较差的品种要进行田间遮阴，防止炎热夏季过多的阳光直射，常用方法是在繁苗地内宽行定植玉米、高粱等高秆作物，定植密度为2～3m一行，株距为0.5m左右为宜。

8. 除草

随着子苗的大量生成和进入雨季，还会长出大量杂草，这期间要及时人工除草（图5-14），避免杂草与幼苗争夺养分和水分，确保幼苗有足够的生长空间。因为草莓对多种除草剂比较敏感，所以不提倡化学除草。

图5-13　引茎

图5-14　田间人工拔草

9. 去匍匐茎

7月末至8月初，匍匐茎基本上爬满整个苗畦，如密度过大，秧苗拥挤，会形成许多徒长苗。徒长苗的叶柄细长，根系不发达，质量较差。每株保留30个左右的匍匐茎苗，8月末以后形成的匍匐茎苗根系较少，质量较差，应结合匍匐茎摘心，摘除无效的小苗并限制小苗的形成，减少养分的浪费，确保前期形成的幼苗发育完善，

达到壮苗的标准。另外，还可以于8月上、中旬各喷1次2000mg/kg青鲜素或4%的矮壮素，抑制匍匐茎抽生，使早期的匍匐茎苗生长健壮，控制小苗产生。

10. 病虫害防治

在育苗期间重点防治草莓炭疽病、蛇眼病、“V”形褐斑病、褐色轮斑病及蚜虫、蛴螬、地老虎等病虫害，具体防治方法参照第七章病虫草害防治部分。

11. 生产苗出圃

当匍匐茎苗长出4~5片叶片时，可根据生产需要出圃进行定植。起苗前2~3天要浇一次透水，使土壤保持湿润状态，近距离栽培的最好带土坨起苗，这样苗不易被风吹干，而且苗定植后基本不用缓苗，能大大提高成活率。起苗深度不少于15cm，避免过浅伤根。子苗起出后，如果不能及时定植，应该把子苗放在阴凉处，并且保持根系湿润，防止根系被风吹干。

对于需要远途运输或出口的草莓秧苗，苗木的处理比较严格。苗子起出后首先进行挑选和清洗；然后50株为一捆，根部套上塑料袋，以保持根部水分充足；将捆好的草莓苗装箱后送入冷库中预冷24h以上，然后装入低温冷藏车运输。

第六章 草莓栽培方式及栽培技术

第一节 草莓栽培方式

我国幅员辽阔，东西南北气候及土壤条件差异较大，草莓栽培形式也多种多样。但根据对休眠和花芽分化处理的时间和方法不同，草莓的栽培方式大体上可分为露地栽培、半促成栽培、促成栽培、抑制栽培等。目前在设施栽培中逐渐开始采用无土栽培方式。

一 露地栽培

露地栽培（图6-1）为传统的草莓栽培方式，基本不考虑休眠期问题，是指在田间自然条件下，形成花芽、解除休眠、开花结果，不需要特殊的栽培技术和设备，越冬后第二年5~6月收获的一种栽培方式。但生产中常采用的遮雨棚遮雨，地膜覆盖越冬或盖草、粪、树叶等覆盖物防寒等也视为露地栽培。

图6-1 露地栽培

露地草莓栽培管理简单，省工省力，成本低，可进行规模经营，经济效益较高，容易大面积推广。露地栽培的草莓，光照充足，浆果风味好，较耐储运，果实除鲜食外主要用于加工。但露地大面积栽培草莓，由于上市期较集中，如果加工企业跟不上，不能及时收果，草莓果实耐储运性差，易造成损失。同时露地草莓的产量也容易受到外界不良环境的影响，如花期遇到低温、越冬防寒不利、果期遇到风交雨等均能造成产量下降，浆果品质降低等。因此，大面积发展露地草莓时，应选在大城市附近或交通便利的地区以及有加工冷藏条件的地方。近年来，城郊露地观光采摘草莓备受市民的青睐，效益显著提高。

二 促成栽培

促成栽培包括北方的日光温室促成栽培（图 6-2）和南方的大拱棚促成栽培（图 6-3）。促成栽培是草莓花芽已分化，将要进入自然休眠之前，不休眠或基本不休眠，很早进行保温，人为阻止其进入休眠，让植株继续生长结果，提早采收上市的一种栽培方式。这种栽培方式成本较高，管理技术要求严格。在我国北方地区的冬季，利用日光温室进行草莓促成栽培的方式比较普遍，鲜果最早可在 11 月下旬开始上市，采收期可延长到第二年的 5 月，采收期长达 6 个月。由于鲜果上市早，正值水果生产淡季，再加上双节供应，草莓鲜果单价很高，经济效益十分显著。

图 6-2　日光温室促成栽培

图 6-3　大拱棚促成栽培

促成栽培的关键技术措施是促花育苗和抑制休眠，生产中应选择休眠浅或较浅、形成花芽容易、花期对低温抗性强的优良草莓品种。促成栽培要求用花芽分化早、发育好的秧苗，促花育苗方法主要有移植断根育苗、营养钵育苗、利用山间谷地育苗、遮光育苗、高冷地育苗和冷藏育苗等。抑制休眠主要采取提早保温、加温、电照或赤霉素处理等方法，也可假植育苗结合适当早定植，并在花芽分化前采取控氮、摘叶等处理，以促进秧苗提早开始花芽分化。

三 半促成栽培

半促成栽培是把已开始进入休眠的植株，休眠一段时间以后，在人工条件下打破草莓休眠，促进其提前觉醒，提早生长发育的栽培方式。即在植株已打破休眠，但尚未彻底觉醒时开始保温，使其生长发育。半促成栽培以设施类型不同可分为：小拱棚半促成栽培（图6-4）、中拱棚半促成栽培（图6-5）、大拱棚半促成栽培（图6-6）、日光温室半促成栽培（图6-7）等。其共同点是在满足草莓自然休眠所必需的低温量或打破休眠之后，进行人工保温，促其开花结果，提早成熟。打破草莓植株休眠的条件是低温和长日照，同时还要因地制宜，在低温充足的北方，一般喷赤霉素打破休眠；在低温不足的南方，还需要增加植株冷藏、遮光或高冷地等降温处理打破休眠。打破休眠还因品种而异，休眠深的品种，经历充足的低温期间就可以打破休眠，如果再加上长日照处理就更有助于打破休眠；而休眠浅或休眠较浅的品种，则只需喷赤霉素。半促成栽培主要是在秧苗繁殖圃选择壮苗，直接定植，也可假植育苗，培育优质壮苗定植。

四 抑制栽培

使草莓在人工条件下长期处于冷藏被限制状态，被迫延长其休眠期，在适宜的时期定植并促进其生长发育的栽培方式。即把本来可以在春天采收的草莓植株冷藏起来，使其暂时停止发育，度过在自然条件下生产草莓有困难的时期，重新栽植，开花结果。受生产条件及设备的制约，目前抑制栽培应用较少。草莓的抑制栽培可以通过调整定植时间灵活调节成熟期，弥补浆果供应淡季，实现周年收获果实。如在河北省张家口坝上及承德围场地区，利用夏季温度冷凉且昼夜温差较大的气候优势，进行抑制栽培收到了良好的效果，丰产优质，果实销售到首都北京及其他各大城市，亩纯收益在3万元以上。

图 6-4　小拱棚半促成栽培

图 6-5　中拱棚半促成栽培

图 6-6　大拱棚半促成栽培

图 6-7　日光温室半促成栽培

植株冷藏是抑制栽培最关键的技术环节。植株入库冷藏时间一般在早春土壤解冻时，通常起苗后洗净泥土，摘除基部叶片，保留 3 片叶，在阴凉处风干后装箱入库。适宜植株冷藏的温度是 -2 ~ 0℃。根据对草莓浆果的成熟期安排确定秧苗出库定植时间。这些植株可在定植后 60 天内结果，在 5 ~ 10 月间出库定植的，采收期就可以在 7 ~ 12 月期间。出库可在傍晚，放置一夜，经流水浸根后定植。抑制栽培用苗，要求储藏营养充足，茎、根粗壮，一般需经假植育苗，或在秧苗繁殖圃内严格选择壮苗。

五　无土栽培

凡是不用天然土壤而用基质，或仅育苗时用基质，在定植以后不用基质而用营养液浇灌的栽培方法，统称为无土栽培（图 6-8、图 6-9），也称为营养液栽培。营养液可以代替土壤，向植物供应水分、养分和氧气，并保持一定的温度等，使其能够正常生长发育。

无土栽培都是在保护设施内综合调控环境下进行的。常用的设施有日光温室、塑料大棚和防雨棚等。无土栽培有许多优点：产量高，品质好，节约水分和养分，避免土传病害及连作障碍，不受地区和季节限制，省时省工，易于管理，便于生产洁净、无公害和有机果品。

图 6-8 槽式无土栽培

图 6-9 袋式无土栽培

无土栽培的生产设备包括栽培床、基质、灌溉系统和自动化控制系统等。栽培床是植物根系生长的地方，有栽培槽和栽培袋两种，其内盛装栽培基质和营养液。栽培基质是具有一定大小并有良好透气保水性质的颗粒，主要有草炭、锯末、树皮、炭化稻壳、岩棉、珍珠岩、蛭石和炉渣等。灌溉系统的主要作用是将营养液或水浇灌到栽培床中，一般采用滴灌或微喷灌的方式。无土栽培的营养液必须含有植物生长所需要的全部营养元素，而且是植物根部可以吸收的状态，各种元素之间的比例均衡，其总盐分含量及其酸碱反应，符合植物生长的要求。

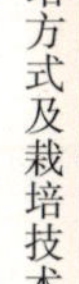

第二节 草莓栽培技术

一 露地栽培技术

目前，我国草莓露地栽培有三种栽培形式，即一年一栽制、两年一栽制和多年一栽制，但生产中最主要的常用栽培方式还是一年一栽制。

1. 园地选择及整地做畦

由于草莓为浅根性植物，喜光且耐阴，喜水又怕涝、怕旱，喜

肥又怕肥害。所以，草莓园址的选择是草莓生产的主要问题，园址不但影响产量质量而且影响市场销售。建草莓园时应选择地面平坦，有水浇条件，富含有机质，保水力强，通透性好的沙壤土为好，土壤酸碱度以弱酸性或中性土壤为宜。同时草莓园应选择与草莓无共同病虫害的前茬作物，前茬作物一般以豆类、瓜类、小麦、玉米和油菜较好。有线虫为害的葡萄园和已刨去老树的果园，未经土壤消毒，不宜栽种草莓。

草莓种植前应整地，主要是清除杂草杂物（图 6-10）、施肥、耕翻（图 6-11）、做畦起垄。园地耕翻前要施足底肥，以腐熟有机肥为主，适量配合其他肥料。一般亩施优质农家肥 5000kg，过磷酸钙 40kg，氮、磷、钾复合肥 50kg，如果土壤缺素明显还应补充相应的微肥。底肥要全园撒施，翻耕后与土壤充分混匀。

图 6-10　清除杂草杂物

图 6-11　耕翻土地

耕翻深度一般在 30cm 左右为宜，耕翻后要求耙平盖实，细碎平整，上虚下实，然后做畦。常用的有平畦（图 6-12）和高垄（图 6-13），生产中多采用高垄栽培。高垄栽培一般垄长 15m 左右，垄高 20～40cm，垄面宽 50～60cm，垄沟宽 30～40cm。可根据地理位置的不同而定垄的高低及高垄面宽窄。一般在北方地下水位较低，高垄可适当低些；而在雨水较多地下水位较高的南方，高垄可适当高些。如果用于观光采摘园，垄沟宽要适当宽些，采摘时宽绰方便。高垄栽培的优点是能使土壤通气性增加，草莓果挂在垄两侧，通风好，光照充足，着色好，病虫害少，不易烂果。高垄栽培还有利于覆盖地膜和垫果，提高地膜覆盖的增温效果，提高果实品质。整地做畦后，应灌一次小水或适当镇压，使土壤沉实，以免栽后浇水秧苗下陷，造成泥土淤苗或土表出现空洞造成露根。

图 6-12　平畦栽培　　　　图 6-13　高垄栽培

2. 品种选配及秧苗选择

在北方寒冷地区，露地栽培草莓应选择休眠期较长或长、抗寒性强、结果期集中、果实成熟较一致的优良品种；南方应选择休眠浅，耐高温、抗病性强的优良品种。如果以鲜食为主，应选择果实个大、丰产性好、甜度高、香味浓、品质优、抗病性强的品种；而以加工为主的，应选用产量高、果个中等偏小均匀整齐、果实周正、果肉红色或深红色、风味浓、易脱萼、抗病性强、耐储运等加工性状优良的草莓品种。

为增加产量和提高品质，一个主栽品种可配置 2 ~3 个授粉品种。主栽品种占总栽培面积的 70% 左右，其余栽授粉品种。如主栽品种为达赛莱克特，授粉品种可搭配石莓 6 号、石莓 7 号、密保等。另外，主栽品种和授粉品种相距一般不宜超过 30m。

图 6-14　优质壮苗

露地栽培要选择植株完整，无病虫害，具有 4 片以上发育正常的叶片，叶色鲜绿，新茎粗在 1.2cm 以上，叶柄粗壮而不徒长，根系发达，有较多白色或乳白色须根，根长在 5cm 以上，单株鲜重在 20g 以上，中心芽饱满，顶花芽分化完成的秧苗（图 6-14）。

➡【重要提示】 栽培时一定要选择优质壮苗，优质壮苗是丰产的基础，应特别检查是否有心，无心秧苗不能成活。

3. 栽植时期及栽植密度

采用一年一栽制，于秋季栽植。通常北方定植早南方定植晚，沈阳及以北地区8月上中旬栽植，河北、山东及山西等地在8月中下旬栽植，浙江及广东地区适宜栽植期为10月上中旬。具体栽植期还要看草莓苗的质量，弱苗可早栽，壮苗可晚栽。同时还要根据当地的天气预报，最好选择在阴天、毛毛雨天或晴天的傍晚栽苗，因为气温低、湿度大、蒸发量小，有利于成活。

草莓苗的栽植密度主要取决于栽培方式、品种习性、秧苗质量、管理水平及地势地力等因素。露地栽培较保护地栽培密度小些，一般平畦栽培，株距20～30cm，行距30～40cm，亩定植7500株左右；高垄栽培，垄面宽50～60cm，沟宽30～40cm，垄面上定植两行，株距15～20cm，小行距20～30cm，大行距60～70cm，亩定植8500株左右。长势强旺的品种、秧苗质量好、管理水平高、地力好的可以适当稀植，反之可以适当密植。

➡【重要提示】 根据当地的气候条件，秧苗定植应适当提早，最好选择阴天或傍晚栽苗，避免高温天气、干旱土壤定植秧苗。

4. 栽植方法及定植方向

栽苗时，先按株行距确定位置，然后用铲刀在栽苗处插入土开穴，将穴土扒至穴后，手提秧苗，按穴前地表与苗的新茎顶部相平放入穴中，露出心芽为准，将根舒展置于穴内，填入细土满穴，并轻轻提一下苗，使根系和土壤密接，然后再填土找平压实即可。遵照"上不埋心，下不露根"的定植原则，过深或过浅都会影响成活率。定植后立即浇一次透水，如发现有露根或淤心的植株，应立即补土埋根、扒土露心或重新栽植。

草莓的花序从新茎上伸出有一定规律，通常植株新茎略呈弓形（图6-15），而花序是从弓背方向伸出的。为了通风透光、提高果实品质及垫果、采果等作业方便，使每株抽出的花序朝向同一方向，栽苗时应将新茎的弓背朝向固定的方向。平畦栽植时，边行植株花序方向应朝向畦里，以防花序伸到畦埂上，影响作业。畦内行花序朝向一个方向，便于用竹签、挡隔板或拉绳将花序与叶分开，有利于花朵授粉，减少畸形果，同时有利于果实着色。高畦栽植时，草莓弓背要朝向高垄外，这样能使草莓结果时浆果挂在高垄两边（图6-16），有利于受到阳光照射和通风，减少果实表面湿度，改善浆果品质并减轻果实病虫害，减少病果率。

图6-15　植株新茎弓形

图6-16　果实挂在高垄两边

【重要提示】 栽植草莓秧苗时一定要掌握“上不埋心，下不露根”的定植原则；同时草莓的弓背要定向栽植。

5. 提高栽植成活率的措施

（1）根系处理　为了提高栽植成活率，草莓栽前用5～10mg/kg萘乙酸或萘乙酸钠药液蘸根2～6h，对促进生根效果十分明显，处理过的秧苗新根发生量比不处理的秧苗增加近1倍，可以明显提高秧苗成活率。

（2）摘除老叶　栽苗前摘除一部分老叶，只留下2～3片新叶，能减少蒸腾失水。摘叶时，将过老的叶片从叶柄基部掰掉，2～3片较老叶片不要从叶柄基部掰叶，基部要留一段叶柄，以保护根茎，有利于成活，同时掐掉病残叶。

（3）带土坨移栽　草莓育苗圃离生产田距离较近时，可采取带土坨移栽的方法，挖苗前先用水洇苗畦以利挖苗，土坨可切成8～10cm见方的土坨或三角坨。

（4）遮阴　为防止栽后太阳曝晒，在供足水分的同时，可采用苇帘、塑料纱、带叶的细枝条、塑料遮阳网进行遮阴，或用银灰色

塑料膜扣成临时小拱棚，棚顶加盖苇帘遮阴。定植成活后，要及时晾苗锻炼，注意通风，以防突然撤除遮阴物时灼伤幼苗。

6. 肥水管理及中耕除草

（1）追肥

1）根部施肥。整个生长过程中植株吸肥大体上可分为4个阶段。第一个阶段是从定植到完成自然休期。定植缓苗后植株和根系生长仍较旺盛，随着气温的下降要进行花芽分化，这时定植前的基肥被大量消耗，因此，第一次追肥在花芽分化后，此次施肥以氮肥为主，亩追施复合肥15～20kg或尿素7.5～10kg，不仅能促进营养生长，而且还能增加顶芽花序的花数，增强越冬能力。第二个阶段是从自然休眠解除后到植株显蕾期。随着温度的升高，植株开始较旺盛生长，养分的吸收较前一阶段增加。因此，第二次追肥应在开花前施入，在开花前追肥是保证草莓优质高产的重要措施，亩追施氮、磷、钾复合肥10～15kg。第三个阶段是从开花到一级序果开始成熟期。随着气温和地温的升高，植株进入了旺盛生长期，其吸收和消耗的养分达到高峰。因此，第三次追肥应在一级序果膨大前施入，亩施氮、磷、钾复合肥10～15kg。第四个阶段是盛果期，即第二、第三级序果膨大与成熟期。随着大量果实的膨大与成熟，氮素吸收量开始下降，磷钾吸收量开始增加，其中钾的吸收量达到最高。此次施肥以磷钾肥为主，以提高果实品质，促进植株健壮，防止植株衰弱，应亩施磷、钾肥10～15kg。草莓追肥的方法可采用植株两侧撒施法，也可以在离根部20cm处开沟施用（图6-17、图6-18），或采用打孔灌入液态肥的方法。

图6-17　开沟

图6-18　施肥

2）叶面喷肥。由于草莓根系浅，耐肥力差，常因追肥不当而出现烧根死苗现象，所以，常采用叶面喷肥的方法（图6-19），喷肥是草莓园肥水管理的重要措施。草莓的叶片具有较强的吸肥能力，叶面喷肥不仅节约肥料，而且发挥肥效快。一般前期以喷尿素为主，花前可喷磷酸二氢钾和硼砂，还可根据当地的土壤情况选用微量元素肥。花前叶面喷施0.3%尿素或0.3%磷酸二氢钾3~4次，可增加单果重，改善浆果品质，使坐果率提高8%~19%。叶面喷肥宜在傍晚叶片潮湿时进行，要以喷叶背面为主。

图6-19 叶面喷肥

【重要提示】 在进行叶面喷肥时，一定要避开花期，开花期喷肥容易造成授粉不良，产生畸形果。

（2）浇水 草莓是需要水分较多的植物，对水分要求较高，一棵草莓，在整个生育期中大约需水15L，但不同生育期对土壤水分要求也不一样。

1）定植后浇水。秋季定植期需水量较多，因此时气温较高，地面蒸腾量大，新栽的幼苗新根尚未大量形成，吸水能力差，如浇水不足，容易引起死苗。此期以采用沟灌比较好，沟灌在短期内水量充足，可使土壤沉实，使根系和土壤结合紧密，有利于成活。

2）灌冻水。越冬前要灌一次封冻水，一般在土壤封冻前灌，封冻水一定要灌足灌透，此水既能提高植株越冬能力，也能促进植株第二年春季的生长。

3）早春灌水。早春去掉覆盖物后，地温较低，不宜灌水太早，以免引起地温明显下降，影响草莓根系恢复生长和地上部萌芽。可浅耕以增温保墒，萌芽水一般推迟至现蕾期为宜。

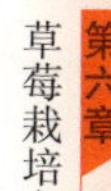

4）花果期灌水。进入花期后，随着开花坐果，需水量越来越多，要掌握小水勤浇，保持土壤湿润的原则。果实增大到浆果成熟期，在保证土壤湿润的情况下，不宜大水漫灌，要适当控水，应在每次采果后的傍晚浇小水，浇水量以浇后短时渗入土中，畦面不存水为原则。如果浇水太多，在气温较高的情况下，易染灰霉病，导致浆果腐烂。有条件的地方，可以采用滴灌，滴灌可增加15%~20%好果率，还可节省30%灌水量。另外，每次施肥都要结合灌水，而浇水要结合中耕除草。

5）及时排除雨水。草莓既喜水又怕涝，草莓植株在水中浸泡时间过长，叶片就会变黄，甚至死苗，所以在草莓园周围要建立好排水系统，大雨过后要及时排除积水。

【重要提示】 定植水应连浇3次，确保秧苗成活；花期尽量避免浇水，结果期一定要浇小水，减少果实感染灰霉病和革腐病；大雨过后要及时排除积水，防止烂果、死苗。

（3）中耕除草 草莓属多年生草本植物，根系浅，喜湿润疏松的土壤。中耕有利于土壤通气和增加土壤微生物的活动，加快有机物分解，促进根系和地上部生长。中耕（图6-20）同时可以消灭杂草（图6-21），减少病虫害。中耕次数和时间因不同草莓园的具体情况而定。杂草少、土疏松的新草莓园，每年中耕5~6次即可，以做到园地清洁、不见杂草、排灌畅通、土壤疏松为准。中耕深度以不伤根、又除草松土为原则，一般以3~4cm为宜。

图6-20 中耕

图6-21 除草

➡【重要提示】 中耕除草时一定要掌握适宜的深度，避免伤害草莓的根系。距草莓植株近的草尽量手拔或用锄尖剜锄，以防伤害草莓植株。

7. 植株管理

草莓在生长过程中，植株管理十分重要。通常包括摘除匍匐茎、疏花疏果、垫果、摘除病老残叶等。

（1）摘除匍匐茎 匍匐茎是草莓的营养繁殖器官，但在以收获浆果为目的的生产园，应随时摘除匍匐茎（图6-22）。发生匍匐茎会消耗母株大量的养分，削弱母株的生长势，影响花芽分化，降低植株产量和植株的越冬能力。

（2）疏花疏果 草莓一般每株有2~5个花序，每个花序有7~15朵花。草莓的花序为二歧聚伞花序。高级次花很小且多数不能开放，叫无效花。即使开花也晚且结果太小，无经济价值，叫无效果。因此，在现蕾期及早疏去高级次小花蕾（图6-23），或掰去株丛下部抽生的弱花序，可节省养分、增大果个、促进成熟、使采收期集中，还可以防止植株早衰。一般每个花序上保留1~3级花果即可。在幼果时，及时疏去畸形果、病虫果等，可使果形整齐，提高商品果率。

图6-22 摘除匍匐茎

图6-23 疏花疏果

（3）垫果 草莓坐果后，随着果实的生长，果穗下垂，浆果与地面接触，施肥浇水均易污染果面，这不仅极易感染病害，引起腐烂，同时还影响着色和成熟。因此，对未采用地膜覆盖的草莓

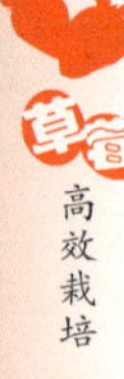

园，应在开花后2～3周，用麦秸或稻草垫于浆果下面。垫果有利于提高浆果商品价值，对防止灰霉病、草莓疫霉果腐病也有一定效果。

（4）摘除病老残叶 草莓植株在一年中新老叶片更新频繁，在生长季节，当植株下部叶片呈水平着生，并开始变黄枯时，应及时从叶柄基部去除（图6-24）。对于越冬老叶，常有病原寄生，待长出新叶后应及早除去老叶，以利通风透光，加速植株生长。发现病叶也应及时摘除。摘除的病老残叶不要丢在草莓园里，应收集在一起烧毁或深埋，以减少病原菌的传播。

图6-24 摘除病老残叶

➡ **【重要提示】** 摘除的匍匐茎、疏掉的高级次花果、病老残叶及病果应及时带出田间，集中销毁。

8. 病虫害防治

露地栽培病虫害发生种类较多，但由于园内通风透光条件好，不像保护地栽培更易发病。露地栽培主要有褐色轮斑病、“V”形褐斑病、蛇眼病等叶部病害，草莓炭疽病、草莓枯萎病等植株病害，灰霉病、革腐病等以果实为主的病害。主要虫害有蚜虫、红蜘蛛、白粉虱、金龟子、草莓卷叶蛾等地上虫害和地老虎、蛴螬、蝼蛄等地下虫害。病虫害发生规律及防治方法详见第七章。

9. 越冬防寒、春季撤除防寒物及防春季晚霜危害

（1）越冬防寒 草莓生长至深秋，便逐渐进入休眠，叶柄变短，叶片变小，植株平长（图6-25），以抵御低温的到来，同时方便了防寒覆盖。虽然草莓根系能耐－8℃的地温和短时间－10℃气温，但在我国北方，因冬季寒冷多风、干旱少雪，草莓一般不能露地安全越

冬，必须进行覆盖防寒。越冬覆盖时间，一般在华北地区 11 月中下旬进行，偏北稍早些，偏南稍晚些。此时草莓植株经过了几次霜冻的低温锻炼，土壤处在“昼消夜冻”状态。覆盖地膜不宜过早或过晚，如果覆盖太早，气温偏高，会造成烂苗，覆盖太晚会发生冻害。在覆盖防寒物前先灌一次冻水，这次水要灌透灌足。

图 6-25 草莓休眠状态

覆盖材料以塑料地膜为主，寒冷地区可用各种作物秸秆、树叶、腐熟马粪、细碎圈肥土等。如用土覆盖，最好先覆盖一层 3～5cm 厚的草或秸秆，覆盖材料尽量不用带有种子的杂草，否则会带来草荒，然后再覆土，一来春季撤土方便，同时可避免春季撤土时损伤植株。采用地膜覆盖（图 6-26），平畦覆盖膜宽及膜长因畦宽长及地块情况而定，盖前将地膜平铺畦面，四周用土压严压紧，畦面宽时，膜上用散放小土堆压住，防治大风刮坏地膜。高垄覆盖畦面呈垄状，地膜覆盖于垄面上，根据膜宽在垄沟内压土。地膜覆盖不但能使草莓安全越冬，保墒增温，而且还能使越冬苗的绿叶面积达 80% 以上，春季气温一回升，就可继续生长，制造养分，能使浆果早熟 7～10 天，增产 20% 左右。

图 6-26 覆盖地膜越冬防寒

【重要提示】 覆盖地膜一般掌握在土壤“昼消夜冻”时，骤然降温来临之前抓紧进行；地膜一般选用厚度为 0.006～0.01mm 升温效果好的无色透明地膜。

（2）撤除防寒物 在第二年春季开始化冻后分两次撤除覆盖物。第一次可在平均气温高于0℃时进行，撤除上层已解冻的覆盖物，以便阳光照射，提高地温，有利于下层覆盖物的迅速解冻。第二次可在地上部分即将萌芽时进行，太晚撤除防寒物易损伤新叶。覆盖物全部撤完后，将地里的枯枝烂叶清除干净，集中烧毁或深埋，以减少病虫害。覆盖地膜越冬的地块，撤膜时间根据早春气候条件而定，温度回升的快适当早些，温度回升的慢要适当晚些。撤膜过早气温及地温较低，植株返青较慢，开花结果较晚，成熟期晚。撤膜过晚会造成徒长，且膜下开花造成授粉不良，影响产量。撤膜后及时中耕松土，提高地温并保墒，促进植株生长发育。

（3）防春季晚霜危害 春季草莓开始萌芽生长后，对低温非常敏感，在－1℃时，植株受害轻，－3℃时则受害较重。幼叶受冻后，叶尖与叶缘变黄，重时茎叶变红。正在开放的花朵如果遇到低温，花瓣变红；受冻轻时，只有部分雌蕊受冻变褐，形成畸形果；受冻严重，雌蕊变黑，不能发育成果实。幼果受冻呈水渍状停止发育。由于早开的花结大果，霜冻往往引起早期大型果损失，进而影响产量。因此要注意防春季晚霜危害。

在晚霜发生频繁的地区，为了避免晚霜危害，尽量不种早熟品种，可栽植抗晚霜品种或中、晚熟品种。早春延迟去掉覆盖物，以免返青生长早而受到霜冻危害。另外，可根据天气预报，在有寒流时，用塑料薄膜、草帘或其他覆盖物进行临时覆盖，或在上风口处点火熏烟，有喷灌条件的地方，还可以进行喷灌以防霜冻。

【重要提示】 春季晚霜危害发生频繁的地区，最好栽植中、晚熟品种，并且根据天气情况适当早撤除防寒物，推迟花期，使花期躲过晚霜。

二 促成栽培技术

1. 日光温室促成栽培技术

在我国北方地区的冬季，利用日光温室进行草莓促成栽培的方式比较普遍，这种栽培方式具有两大优点：一是鲜果上市早，供应期长。鲜果最早可在11月中下旬开始上市，陆续采收可延长到第二年5月，采收期长达6个月，比露地栽培可提早5~6个月，供应鲜果时间比露地栽培延长5个月。二是产量高，效益好。采用促成栽培可使草莓植株花序抽生得多，连续结果，产量高。鲜果上市正值水果生产淡季，单价高。如北京市昌平区促成栽培草莓春节前上市，每千克草莓售价高达50~200元；河北省石家庄促成栽培草莓于11月下旬上市，每千克草莓售价高达30~100元，经济效益十分可观。但促成栽培要求技术水平及设施条件较高。

（1）选择良种壮苗 日光温室促成栽培要求品种休眠期短，易打破休眠，形成花芽容易，并且花期对低温抗性较强，抗病、早熟、优质丰产。适合促成栽培的品种有书香、燕香、秀丽、章姬、枥乙女、甜查理、红颜等。为改进授粉条件，提高产量和质量，每棚可栽2~3个品种。

图6-27 优质壮苗

草莓促成栽培采收期早，产量高，花前生育期较短，所以，对秧苗要求更高。其标准是：根系发达，植株健壮，叶柄粗短，叶色绿，具成龄叶片5~7片，新茎粗1.5cm以上，苗重30g以上（图6-27）。日光温室促成栽培，保温开始期较早，开花结果也早，这就要求草莓苗短期内能形成饱满花芽，保证促成栽培草莓既能早采收，又能获优质高产。

【重要提示】 日光温室促成栽培，一定要选择优良浅休眠品种，无病虫危害的优质壮苗。

（2）土壤消毒及整地做垄 草莓忌重茬，重茬后黄萎病、根腐病等土传病害发病严重，为了确保优质、丰产，每年在定植前要实

施温室土壤消毒。目前最安全、无公害的方法是利用太阳能进行土壤消毒。具体做法是：将土壤深翻，灌透水，土壤表面覆盖一层地膜或旧棚膜，为了提高消毒效果，将用过的旧棚膜覆盖在温室的钢骨架上，密封温室（图6-28）。土壤太阳热消毒最好在6～7月进行，利用夏季太阳热产生的高温（土壤温度可达55～70℃），杀死土壤中的病菌、虫卵及草籽。太阳能土壤消毒的时间至少为40天。

图6-28　日光温室太阳能消毒

8月初平整土地，施入腐熟的优质农家肥5000kg（可以在太阳能土壤消毒时施加，通过高温使农家肥充分腐熟）和氮、磷、钾复合肥50kg，旋耕深度30cm（图6-29）。采用南北向深沟高畦（图6-30），畦面宽50～60cm，畦沟宽30～40cm，沟深25～30cm，南北高畦要求直，畦面要求平整。在高畦上两边加小土埂，做成小平畦，以便于随时浇小水或追肥。或高畦两边略呈弧形，但土要拍实，以免浇水时冲坏高畦面。

图6-29　日光温室旋地

图6-30　南北向高畦

（3）适时定植和合理密度　促成栽培定植时间宜早，可在顶花序花芽分化后5～10天定植。温暖地区如上海和浙江一带一般在9月中旬至10月中旬栽植，北京和河北等地在8月中下旬至9月上旬栽植。裸根苗应早栽，假植苗或带土坨苗可稍晚些。

采用高畦定植，每畦栽两行，株距15～20cm，行距25～30cm，亩栽8000～11000株。定植时要注意定植方向，应把草莓茎的弓背朝向畦沟（图6-31），将来花序抽向畦两侧（图6-32），通风透光好，浆果着色好，病虫害少，品质佳，便于采摘。为了提高栽植成活率，最好采用带土坨栽植，塑料钵育苗则随栽培随脱去塑料钵，减少根系损伤，缩短缓苗期，提高成活率。

图6-31　草莓苗定植方向（弓背朝沟）

图6-32　草莓果实排列在垄沿上

【重要提示】 定植草莓时一定要使草莓的弓背朝向畦沟。

（4）扣棚保温及地膜覆盖 适时扣棚保温是草莓促成栽培中的关键技术。保温适期要掌握在顶花芽分化之后，并且第一腋花芽已分化，即将进入休眠。草莓多数品种从10月下旬开始逐渐进入休眠状态，而一般腋花芽分化也在此时开始，因此，既不能使草莓进入休眠状态，又不影响腋花芽分化，两者兼顾的时间为保温适期。保温过早不利于花芽分化，保温过迟一旦植株进入休眠，则很难解除休眠，导致植株矮化。一般年份，北方寒冷地区保温适期在10月初至10月中下旬，此时外界最低气温降到8～10℃。

地膜覆盖是草莓设施栽培中的一项重要措施。地膜覆盖，不仅可以减少土壤中水分的蒸发，降低日光温室内的空气湿度，减少病虫害发生率，而且能够提高土壤温度，促使草莓根系的生长，从而

使植株生长健壮，鲜果提早上市。此外，覆盖地膜可以防止土壤对果实污染，提高果实商品质量。目前生产中普遍使用黑色地膜，因为黑地膜的透光率差，可显著减少杂草的生长。一般在扣棚后10天左右覆盖地膜，覆盖地膜应在早晨、傍晚或阴天进行。盖膜后立即破膜提苗（图6-33），破膜时孔越小越好，地膜展平后，立即进行浇水。覆膜过晚，植株较大提苗困难，且易折断叶柄影响植株生长发育。

图6-33　破膜提苗

【重要提示】 采用地膜覆盖破膜提苗时，一定要注意使地膜开口越小越好，同时注意尽量避免伤害植株。

（5）温度、湿度调控　扣棚后，草莓生长发育对温度总的要求是前期高些，后期低些。在保温开始初期，为防止植株进入休眠矮化状态，促进花芽的发育，白天28~30℃，超过30℃时要及时放风，夜间12~15℃，最低不低于8℃。保温初期外界气温还较高，可暂时不加盖草帘，并要随时注意白天放风降温。现蕾期要求白天25~28℃，夜间10~12℃，夜温不宜过高，超过13℃就会导致腋花芽退化，雌雄蕊发育受阻。开花期白天适温要求23~25℃，夜间8~10℃，这样既有利于开花，也有利于授粉受精，30℃以上高温花粉发育不良，45℃高温抑制花粉发芽。果实膨大期，为了促进果实膨大，减少小果率，白天保持20~25℃，夜间6~8℃为宜，夜温低有利于养分积累，促进果实肥大。进入采果期，白天保持20~23℃，夜间5~7℃即可。温室内通过放置高低温度计（图6-34）和湿度计（图6-35）来正确控制温室内的温湿度。

室温的高低要通过揭盖草苫和扒开放风口的大小来调节。放风不仅能够降低温室中温度和空气相对湿度，也能够给棚室中带来新鲜空气，增加棚室中氧气和二氧化碳的含量。日光温室放风时，

图 6-34　高低温度计

图 6-35　湿度计

应尽量先在温室顶部放风（图 6-36），在放顶风不能降低温度的情况下，再在腰部放风或底部放风（图 6-37），有后窗的温室也可打开后窗进行放风（图 6-38）。为了防止湿度过大，应采用无滴棚膜，能减少水滴浸湿柱头，如果不是无滴膜，水滴浸湿柱头后易产生畸形果并导致果实发病（彩图 28），水滴浸湿叶片后易发生叶部病害（彩图 29）。花期湿度控制在 40%～50%。

图 6-36　温室顶部通风

图 6-37　底部进行通风

图 6-38　后窗户进行通风

【重要提示】 花期温度白天控制在 23～25℃之间，夜晚控制在 8℃以上，最低不能低于 5℃；花期湿度控制在 40%～50%。

(6) 光照管理 促成栽培主要生长期均在较寒冷的冬季，光照不足是草莓日光温室促成栽培中的一个重要问题。促成栽培既要通过保温使草莓不进入休眠，又要给予长日照条件，人为地阻止草莓进入休眠状态。定期清洗棚膜（图 6-39）可以增加光照，增大透光率；人工补光（图 6-40）也能够促进叶柄生长，防止矮化，有利于浆果膨大和着色。因此，人工补光是草莓促成栽培中非常有效的措施。方法是每亩用 100W 的白炽灯 25 个，间隔为 4m 距离；用 60W 的白炽灯，可安装 35 ~ 40 个，间隔 3m 距离。白炽灯距地面 1.5m 即可。目前市场上销售的 LED 植物补光灯（50W），每亩用 8 ~ 10 个，可根据生长的不同时期调节蓝光、红蓝光、红光等光波长。

图 6-39 洗棚

图 6-40 补光

常用的补光方式有三种，一是延长光照，即从日落到晚上 10 点，约 5h 左右的连续光照；二是中断光照，即从晚上 10 点至第二天凌晨 2 点补光 4h；三是间歇光照，即从日落到日出，每小时照 10min，停 50min，累计补光约 140min。无论哪种方式均有明显效果，但以间歇光照最经济。补充光照可促进生长，提前成熟，明显降低畸形果的数量，但对产量影响不显著。一般而言，早晨照明对增大果个有效，傍晚照明叶柄容易伸长。

(7) 水肥管理 草莓植株在日光温室中生长周期加长，对水分和肥料需要较多，因此要充分地、不断地供给水分和养分，否则会引起植株早衰或得病而造成减产降质。

在生产上判断草莓植株是否缺水不仅仅是看土壤是否湿润，特别注意的是揭起地膜地表土湿润，但根系处的土壤水分已经缺乏，误认为不干旱，造成植株萎蔫或干枯，称为假湿现象。保护地栽培更重要的标志是早晨要看植株叶片边缘是否有吐水现象（图6-41），如果叶片没有吐水现象，说明已经干旱，应该灌溉。日光温室促成栽培不能采取大水漫灌的灌溉方式，因为大水漫灌容易增大温室内空气湿度，引发病害，同时还会造成土壤升温慢，延迟植株生长发育进程。因此，日光温室促成栽培要采用膜下灌溉的方式，最好采用膜下滴灌方式（图6-42）。采用滴灌，可以使植株根颈部位保持湿润，利于植株生长，而且既节约用水量又防止土壤温度过低，减少了水分蒸发，降低棚内湿度，减少病虫害。要掌握定植时浇透水，一周内要勤浇水，覆盖地膜后以“湿而不涝，干而不旱”的浇水原则。

图6-41　叶缘吐水

图6-42　膜下滴灌

草莓促成栽培保温后，要进行花芽发育、显蕾、开花、结果。第一花序果实采收结束后，腋花序又抽生并开花结果，植株负担重，缺肥缺水极易造成植株早衰矮化，追肥至少进行4～5次。追肥时期分别为：第一次追肥是在植株顶花序现蕾时，此时追肥主要是促进顶花序生长；第二次追肥是在植株顶花序果实膨大期，此时追肥量可适当加大，施肥种类以磷、钾肥为主，有利于增大果个和提高品质；第三次追肥是在植株顶花序果实采收前期，此次追肥以钾肥为主；第四次追肥是在植株顶花序果实采收后期，以后每隔15～20天追肥1次，每次每亩施氮、磷、钾复合肥8～10kg为宜，并配合浇水。

【小窍门】>>>>

保护地栽培是否需要浇水，早晨进棚后注意观察草莓叶缘是否有水珠，有水珠说明不旱，没有水珠说明已经干旱，应该及时浇水。

（8）赤霉素处理 在草莓促成栽培中，赤霉素处理有促进生长，促进叶柄和花序抽生，打破休眠，防止植株矮化的作用。一般在保温开始以后，植株第二片新叶展开时，喷施赤霉素，休眠较深的在保温后3天即可处理。喷洒剂量和用量因品种而异，但促成栽培主要用休眠浅的品种，如章姬、枥乙女、红颜、甜查理等，只喷一次即可，剂量5～7mg/L（1g赤霉素兑水135～200kg），每株用量5mL。喷时重点喷到植株的心叶部位（图6-43）。赤霉素用量不宜过大，否则会导致徒长、叶柄长，特别是花序梗抽薹疯长（图6-44）。喷赤霉素时最好选在高温时间，喷后把室温控制在30～32℃，这样几天后就可见效。如果浅休眠品种保温后植株生长旺盛，叶肥大而鲜绿，也可不喷赤霉素。

图6-43　喷施赤霉素

图6-44　赤霉素过量

【重要提示】 喷施赤霉素一定要掌握好剂量，并且一定要喷施苗心。

（9）植株管理 从定植到采收结束，日光温室促成栽培草莓植株的生长发育时期很长，此期间，植株一直进行着叶片和花茎的更新，为保证草莓植株处于正常的生长发育状态，具有合理的花序数，要经常进行病老残叶摘除、掰芽、匍匐茎摘除、花序整理等植株管理工作。

1）摘掉病老残叶。随着时间的推移，草莓植株上的叶片会逐渐发生老化和黄化，呈水平生长状态。叶片是光合作用的器官，但是病叶和黄化老叶制造的光合产物还抵不上自身的消耗，而且叶片衰老时也容易发生病害。因此，在新生叶片逐渐展开时，要定期去掉病叶和老叶（图6-45），以减少草莓植株养分消耗，改善植株间的通风透光，减少病虫害。

2）掰芽。促成栽培的草莓植株生长较旺盛，易出现较多的腋芽（图6-46），这会引起养分分流，减少大果率，降低产量，所以要将多余的腋芽掰掉。方法是在顶花序抽生后，每个植株上选留两个方位好且粗壮的腋芽，其余全部掰除，以后再抽生的腋芽也要及时掰除。

图6-45　摘除病老残叶

图6-46　掰除腋芽

3）摘除匍匐茎。草莓的匍匐茎和花序都是从植株叶腋间长出的分枝，其植物学位置相同，只是发生的时间有先后之别。抽生的匍匐茎及发育的子苗，会大量消耗母株的养分，影响腋花芽分化，从而降低产量，因此在植株的整个发育过程中要及时摘除匍匐茎。

4）花序整理。草莓花序多为二歧聚伞花序或多歧聚伞花序，花序上高级次花分化得较差，所结果实较小，对产量形成的意义不大。因此，要进行花序整理以合理留用果实，一般生产上每个花序留果实7～12个，其余高级次花果疏除。果实成熟期，花序会因果实太重而伏地，易引起灰霉病及其他病害发生，造成烂果。因此，生产上常采用高垄栽培，通风透光好，这样做可大大减少病果、烂果的

发生，同时还可以在定植垄的两端钉木桩，用绳子拴在木桩上拉紧，将花序担起（图 6- 47）。此外，结果后的花序要及时去掉，以促进新花序的抽生。

图 6-47　用绳将花序担起

（10）辅助授粉　辅助授粉是保护地草莓栽培提高产量、增加果实商品率、减少无效果比例、降低畸形果数量的重要措施。虽然草莓属于自花授粉植物，但通过异花授粉可大大提高坐果率，保证丰产和优质。草莓授粉可通过风和昆虫完成，但在冬季促成栽培中，受环境条件限制，需要进行辅助授粉。目前生产上普遍使用蜜蜂辅助授粉技术（图 6-48）。大棚内放蜜蜂数量，一般以一只蜜蜂一株草莓的比例放养，蜂箱最好在草莓开花前 3 ~5 天放入棚内，先让蜜蜂适应一下大棚内的环境条件。蜜蜂飞行距离一般为 400m，访花时间为 8 ~16h，蜜蜂适宜活动的温度为 15 ~25℃。放蜂期间避免打药。在放蜜蜂期间应在温室底部的放风口拉一层窗纱（图 6-49）挡住放风口，避免蜜蜂从放风口飞出去。

图 6-48　蜜蜂授粉

图 6-49　风口拉一层窗纱

蜂箱在棚内放置位置传统的做法是：蜂箱放置在棚内离地面 15cm 高处，在棚中间坐北朝南，光照好的地方（图 6-50）。但于文英等实验证明：把蜂箱放在靠近大棚的西南角，蜂箱巢口对着大棚的东北角，或者把蜂箱放在大棚的东南角，巢门对着大棚的西北角，授粉效果比较好。因为，一是蜜蜂群体有向光性，使蜂箱背靠太阳减少了蜜蜂受阳光的刺激，出巢活动较晚。二是蜜蜂有向阳性，如果巢口向南，光线照射后，蜂群提前受阳光刺激，蜜蜂出巢奋力从巢口飞起，把透明塑料布误认为是空间，猛力撞击，飞翔受阻，落地粘泥而死。三是草莓大棚设计南低北高，如把蜂箱放在大棚北面，蜜蜂在出巢门飞翔时习惯直立盘旋起飞，由巢门冲向上空，而棚内南低北高，蜜蜂直接撞击大棚造成蜜蜂死亡（图6-51）。而蜂箱放在西南角或东南角处，蜜蜂出巢后有较大的空间飞高飞远，大大减少了蜜蜂撞击大棚的次数，减少了伤亡。但蜂箱放在南面，要注意保温防潮。

图6-50　传统蜂箱放置位置

图6-51　蜜蜂撞击棚膜造成死亡

⚠【栽培禁忌】　蜜蜂对农药更敏感，严禁施用具有缓效作用的杀虫剂，使用烟熏剂、杀菌剂时应把蜜蜂搬出棚外，至少3天。

（11）施用二氧化碳气肥　由于冬季日光温室放风时间较短，室内严重缺乏二氧化碳，使草莓光合作用效率下降，制约了草莓产量

的提高。因此，采用二氧化碳施肥对草莓促成栽培增产、增收意义重大。日光温室内日出前二氧化碳含量最高，揭帘后随着光合作用的逐渐加强，二氧化碳含量急剧下降，近中午时已经严重亏缺，放帘子后又逐渐升高。虽然可以通过通风换气使日光温室中的二氧化碳得以补偿，但在寒冷冬季不可能总以此种方法来补偿二氧化碳，因此人工施用二氧化碳显得尤为重要。

1）二氧化碳施肥的方法。一是增施有机肥。增施有机肥是增加日光温室内二氧化碳含量的有效措施，因为土壤微生物在缓慢分解有机肥料的同时会释放大量的二氧化碳气体。二是使用液体二氧化碳。在日光温室内直接施放液体二氧化碳具有清洁卫生、用量易控制等许多优点。三是放置干冰。干冰是固体形态的二氧化碳，将干冰放入水中使之慢慢汽化或在地上开2～3cm深的条状沟，放入干冰并覆土，这种方法具有所得二氧化碳气体较纯净、释放量便于控制和使用简单的优点，但成本相对较高，而且干冰不便于储运。四是化学反应施肥法。主要是强酸与碳酸盐进行化学反应，产生碳酸，在低温条件下分解为二氧化碳和水，生产中推广的主要是用稀硫酸和碳铵反应法。目前二氧化碳发生剂（图6-52）和二氧化碳发生器（图6-53），在市场上均有销售。

图6-52　吊袋式二氧化碳发生剂

图6-53　二氧化碳发生器

2）二氧化碳施肥的时期及时间。二氧化碳施放的时期一般在严冬早春及草莓生育初期效果好。生产上一般在开花后1周左右开始施用，可促进叶片制造大量有机物，并运往果实，提高早期产量。二氧化碳最佳施肥时间是上午9点至下午4点。如果用二氧化碳发生器作为二氧化碳肥源，施肥时间还应适当提前，使棚内揭草苫后30min达到所要求的二氧化碳含量。中午如果要通风，应在通风前30min停止施肥。

3）二氧化碳施肥需注意的事项。一是需要放风降温时，应在放风前0.5～1h停止施用二氧化碳。二是寒流期、阴雨天和雪天一般不施或降低施用量，晴天宜在上午施，阴天宜在中午前后施。三是增施二氧化碳后，草莓生长量大，发育速度快，应增施磷、钾肥，适当控制氮肥用量，防止徒长。四是施放二氧化碳气肥要自始至终，才能达到持续增产效果，一旦停止施放后，草莓会提前老化，产量显著下降。应采用逐渐降低施放量，缩短施放时间，直到停止施放的方式，给草莓适应环境的过程。五是硫酸（采用化学反应法时用到硫酸）有腐蚀作用，操作时应小心，防止滴到皮肤、衣物上，如洒到皮肤上，应及时清洗，涂抹小苏打（碳酸氢钠）。

（12）病虫害防治 日光温室促成栽培草莓最容易发生的病害是白粉病和灰霉病，危害最重的害虫是螨类、粉虱、蚜虫及小地老虎等地下害虫。具体的病虫害防治方法见本书第七章。

【重要提示】 促成栽培中畸形果最容易发生。防治措施：合理配置授粉品种；花期进行放蜂；合理调控棚室内的温湿度；避免花期喷药，其他生长期也要减少用药次数。

（13）日光温室栽培遇大雪天气的管理 初冬和早春降雪，外界温度不是很低，可能边降雪边融化，湿透草苫，这样既影响保温，卷放也困难，又容易压垮棚架，因此，采取降雪前揭开草苫，雪停后清除积雪再放下草苫的办法。或者在大雪来临前在草苫或棉被上覆盖一层旧棚膜（图6-54），即保温又可保护草帘不湿，小、中雪可将草帘上加盖的旧棚膜连雪一块卸下，大、暴雪清除起来也方便得多。但是，深冬出现暴风雪天气，外界气温太低不能揭开草苫，否则会冻坏棚内草莓，应对措施有以下几点。

1）及时清除积雪。大雪压在草苫上，很容易把棚架压垮，必须及时清除草苫或棉被上的积雪（图6-55），还要把棚墙旁的雪清走，以防雪融化通过棚脚的泥土渗进棚内，不仅带走热量，而且

损坏棚墙。

图 6-54　草苫或棉被上覆盖一层旧棚膜

图 6-55　清除草苫或棉被上的积雪

2）采取加温措施。白天清扫膜上的雪，增加棚体透光性，提高棚温，采取临时加热措施合理调控棚内温度，如灯泡、暖气（图 6-56）、火炉（图 6-57）、煤气灶等。为增温防冻还可在大棚内扣小拱棚。

图 6-56　利用电暖气进行加温

图 6-57　利用火炉进行加温

3）改善光照。白天要注意早揭草苫增加采光，但要注意采取揭花帘的办法，不能一次性全揭，防止雪后转晴。光照过强造成草莓失水，严重时造成永久性萎蔫。

【小窍门】>>>>

为了达到既保温又可保护草帘不湿、清除起来也方便的效果，在大雪来临前应在草苫或棉被上覆盖一层旧棚膜。

（14）日光温室栽培遇大雾、连阴天天气管理 冬季经常出现阴天和大雾天气，这种天气温室的光照不及晴天的1/5，空气相对湿度95%以上，室内温度15℃以下，这样的恶劣天气不仅限制了草莓叶片的光合作用，减少光和产量，推迟果实成熟期，如在草莓花期连续几天阴雾天气，还会大大降低草莓坐果率，产生畸形果，使果实产量下降，品质变劣，应对措施如下。

1）连阴天尽量揭帘。连阴天的中午，只要在揭起草苫后不降温，应坚持揭草苫或棉被。可促使植株接受散射光，增加植株对光照的适应能力，利于增产。同时，在连续长时间低温期后天气突然放晴，揭苫不可过早全部拉开，尽量采取拉“花苫”的方法，即隔一苫拉一苫的做法或将自动卷帘的棉被卷起一部分（图6-58），避免棚内升温过快，待草莓适应升温后再全部拉开，棚内温度过高时注意及时放风。

图6-58 棉被卷起一部分

2）增加人工辅助光照。可用白炽灯作光源，进行补光加热处理，每盏100W灯约照7.5m^2，每天下午5～10点时补光5～6h，可增产30%～50%，减少畸形果50%左右。

3）合理控温。安装临时加热设备，加热一般在夜间进行，并在正午前后进行短时间通风，维持室内白天温度在20℃左右，夜间最低温度在10℃以上。

2. 塑料大拱棚促成栽培技术

由于我国南方冬季气候不是十分寒冷，因此可以利用塑料大棚（图6-59）来进行草莓的促成栽培。目前生产上常采用的是塑料大棚双重保温促成栽培。这种促成栽培方式不使

图6-59 塑料大棚促成栽培

用加温设备，在深冬低温时期，通过在大棚膜内加扣小拱棚或挂幕帐来提高保温效果。同北方日光温室促成栽培一样，南方塑料大棚促成栽培也可以实现11月下旬果实上市，采果时期一直到第二年5月。草莓塑料大棚促成栽培具有鲜果提早供应市场、高产、经济效益好等优点，是一种十分受欢迎的栽培方式。

(1) 品种及优质壮苗的选择 适合草莓促成栽培的品种较多，但对双重保温的促成栽培而言，由于塑料大棚内无加温设备，冬季棚内的温度只能基本满足草莓生长发育、开花结果和果实膨大成熟对温度的要求，塑料大棚促成栽培应选用休眠浅、生长势强、耐低温、栽培容易、品质优良的草莓品种，目前生产上以日本草莓品种为主，如丰香、幸香、红颜等。

优质壮苗的标准是：株形矮壮，侧芽少，全株重达35g以上；具有5~6片正常的叶子，叶色鲜绿，叶片大而厚，叶柄粗壮，根状茎粗度1~2cm；须根多，有5条以上，根系长度在5cm以上，粗而白；没有病虫害，植株完整，根、茎、叶各部位没有损伤。为了实现果实提早上市，充分体现促成栽培的优势，应该使用假植的壮苗。在我国南方地区，草莓的假植开始时期宜早，以凉爽湿润的梅雨期为宜，即在6月下旬至7月上中旬采苗假植。

(2) 土壤消毒及整地做垄 参照本章“日光温室促成栽培技术”。

(3) 定植 假植苗中有50%植株通过顶花芽分化就可以定植，通常是在9月中旬，此时阴雨天较多，植株定植后缓苗快、易成活，有利于花芽进一步分化。假植苗定植过早，会推迟花芽分化，从而影响前期产量；定植过迟，会影响腋花芽分化，出现采收期间隔拉长现象，从而影响整体产量。定植的深度要求“上不埋心、下不露根”。定植方向要求秧苗弓背朝向垄沿。采取大垄双行的定植方式，垄面50~60cm，植株距垄沿10~15cm，株距15~18cm，小行距25~30cm，亩用苗量7000~10000株。定植时应保持土壤湿润，最好先用小水将整个垄面浇湿夯实。一般在晴天傍晚或阴雨天进行定植，应尽量避免在晴天中午阳光强烈时定植。定植后及时浇水，保证植株早缓苗，定植后1周内每天早晨和傍晚各浇水1次，晴天时要适当遮阴。

（4）扣棚保温及地膜覆盖 草莓塑料大棚促成栽培主要在南方进行，扣棚保温时期一般在第一次冷空气来临之前，大概在 10 月底至 11 月初，此时外界平均气温降到 15℃左右。保温过早，棚内温度高，植株徒长不利于草莓的腋花芽分化；保温过晚，植株进入休眠，出现矮化，不能正常生长结果，从而影响植株的产量。

南方塑料大棚草莓促成栽培一般在显蕾期覆盖地膜，因为这个时期植株的韧性最好，覆膜过程中给植株造成的伤害最小。覆盖地膜应在早晨、傍晚或阴天进行。盖膜后立即破膜提苗，地膜展平后，立即浇水。覆膜过晚，植株较大，操作困难，提苗时易折断叶柄影响植株生长发育。

（5）小拱棚保温及去除 5℃低温会使草莓植株生长发育受到抑制，长期经历此低温植株会进入休眠。因此，在塑料大棚内温度降到 5℃之前，在棚内搭起小拱棚进行二层保温（图 6-60），以促进草莓植株正常生长。一般在每年 12 月中旬前后搭建小拱棚，扣棚骨架以竹片为主。在 1 月温度最低时，可依实际情况在拱棚上再搭一层棚膜，实现三层保温，这种方法在实际应用中效果很好。2 月中下旬随着气温的回升逐步去除小拱棚的二层保温。

图 6-60 大拱棚套小拱棚二层保温

（6）温度、湿度及光照管理

1）温度管理。温度是草莓促成栽培成功与否的限制因子。根据草莓的生长发育特点，扣棚保温后的温度要求如下。

① 显蕾前：保温初期，温度要求相对高些，白天温度保持在 28 ~ 30℃，超过 30℃要及时放风降温，夜间保持在 15 ~ 18℃。这样的温度条件可保证草莓植株快速生长，提早开花。

② 显蕾期：白天温度保持在 25 ~ 28℃，夜间保持在 8 ~ 12℃。

③ 开花期：白天温度保持在 22 ~ 25℃，夜间保持在 8 ~ 10℃。

开花期若经历3℃以下的低温会使花瓣发红，经历0℃以下低温，雄蕊花药变褐，雌蕊柱头变黑，严重影响授粉受精和草莓前期产量。

④ 果实膨大期和成熟期：白天温度保持在20～25℃，夜间5～10℃。此期温度过高，果实膨大受影响，造成果实着色快、成熟早、果实个小、品质差。

⑤ 草莓生长后期：由于棚外温度高，棚内温度不易控制，要注意大棚内温度控制在30℃以下，防止高温对嫩芽、叶和花蕾等的热伤害。可以通过大棚膜外喷水、搭遮阳网等措施来降温。

2）湿度管理。塑料大棚内气密性好，容易出现高湿度，从而导致白粉病和灰霉病等病害发生严重。除了通过覆盖地膜及膜下灌溉来降低温室内湿度以外，可通过适当控水、勤放风、挂防雨布等措施减少大棚内的空气湿度，减少病害的发生。

3）光照管理。光照不足也是草莓塑料大棚促成栽培中的一个重要问题。棚膜表面吸附灰尘后降低透光率，造成棚内光照强度不足，影响叶片的光合作用，从而影响植株的生长发育。长日照对于维持草莓植株的生长势非常重要，为了维持草莓植株后期的生长势，生产上采用电照补光方法来延长光照时间。具体做法是：每亩安装100W白炽灯泡40～50个，在12月上旬至第二年1月下旬期间，每天日落后补光3～4h或者在夜间补光3h。

（7）施用二氧化碳气肥 近年来，在棚室中施用二氧化碳气体肥料的做法越来越引起人们的关注。二氧化碳是光合作用的原料，大气中的含量约为330mg/L，基本可满足光合作用的需要。11月至第二年1月，塑料大棚的通风量少，棚内二氧化碳常常亏缺，降到100mg/L以下，不能满足草莓植株光合作用的需要，影响植株生长发育，导致产量降低，品质下降。因此，为增加产量和提高草莓品质，在塑料大棚内应增施二氧化碳气肥。具体方法见本章“日光温室促成栽培技术”部分。

（8）病虫害防治 塑料大棚草莓促成栽培中最容易发生的病害同日光温室促成栽培类似，但因南方高温潮湿，灰霉病等发病更严重，具体的病虫害防治方法见第七章。

其他如水肥管理、赤霉素使用、辅助授粉、植株管理等可参照

"日光温室促成栽培技术"。

三 半促成栽培技术

保护地半促成栽培因品种、打破休眠的方法及保温期不同而有多种形式。我国半促成栽培多以设施类型而定，我国北方多采用的是日光温室和塑料大、中、小拱棚半促成栽培，长江流域及其以南部分地区较多采用塑料大棚半促成，四川等地多采用小拱棚半促成栽培，小拱棚半促成栽培是设施最简单的半促成栽培。利用保温设施，在草莓通过自然休眠以后进行保温，从而达到比露地栽培提早采收、提早上市。由于半促成栽培是草莓在自然条件下满足需冷量的要求后才开始保温的，因此，一般不需要人工打破休眠或抑制休眠的措施，只需要掌握好开始保温的时期即可。开始保温的时期必须是在满足休眠的需冷量后进行，这是半促成栽培的技术关键。不同类型的保护设施的保温性能不同，开始保温时期也不同，一般保温性能越好的设施，保温越早，浆果成熟也越早；相反，保温性能越差的设施，保温应越晚，以躲过最寒冷的时期，这样浆果上市时期也越晚。

1. 日光温室半促成栽培技术

在我国北方地区，利用日光温室进行草莓半促成栽培，冬季不用加温，所以生产成本较低，效益也较好。与日光温室促成栽培相比，日光温室半促成栽培草莓植株的生长发育时期也相对较短，因此病虫害发生也较轻，管理也相对容易。

(1) 品种和苗木选择 半促成栽培对品种的选择不太严格，在北方应选择休眠期较长、需冷量较高、耐寒性较强、果个大、丰产优质、耐储运的优良品种。如达赛莱克特、全明星、石莓6号、石莓7号等。而南方应选择休眠浅的品种，如丰香、红颜、章姬、石莓4号、卡姆罗莎、甜查理、书香、燕香等。选用草莓组培脱毒原种苗或脱毒一代苗作为春季繁苗的母株，采用繁苗田的优质壮苗或采用假植苗作为定植苗木。假植苗具有定植后植株生长整齐、强壮、结果早、产量高等优点。

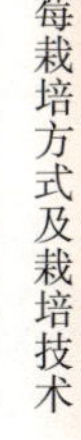

(2) 土壤消毒及整地做垄 土壤消毒的具体方法参照"日光温室促成栽培技术"部分。

土壤消毒处理后平整土地，亩施农家肥 3000～5000kg，氮、磷、钾复合肥 50kg，氮、磷、钾的比例以 3∶3∶2 为宜。农家肥也可以在太阳能土壤消毒前施入，通过高温使农家肥充分腐熟，然后做成南北走向的高畦大垄。畦面宽 50～60cm，畦沟宽 30～40cm，沟深 20～30cm，畦面要求平整。在高畦上两边加小土埂，做成小平畦，以便于随时浇小水或追肥。

（3）定植 半促成栽培的定植时期大体有两个时期，一是花芽分化以前定植，华北地区 8 月下旬 9 月上旬前后；二是花芽分化以后定植，大约在 10 月上旬。一般北方地区于花芽分化前定植为宜，因为北方地区寒冷，秋季低温来得早，定植过晚会影响植株根系的恢复。南方地区多在花芽分化以后定植，因为南方地区秋季温暖，定植后仍有一段比较充足的生长时间，缓苗后，秧苗生长良好，有利于开花结实。

（4）扣棚及地膜覆盖 半促成栽培开始扣棚保温的时期主要根据当地的自然条件和品种的休眠特性及上市时间而定。休眠浅、低温需求量低的品种，解除休眠的时间早，可以早保温；休眠深的品种，低温需求量高，解除休眠的时间晚，保温时期可适当晚些。保温过早植株尚在休眠状态，出现矮化，叶柄不伸长，叶片小，结果硬而小，产量低，品质差；保温过晚，低温过量，植株易出现徒长，早熟效果不明显，影响产量及经济效益。在北方地区一般日光温室半促成栽培扣棚保温在 12 月中旬至第二年 1 月上旬为宜。

地膜覆盖应在扣棚保温后 7～10 天进行，过早由于植株经过一段低温休眠后，植株矮平，老叶干脆易折伤，不易操作。保温后新叶开始长出，植株稍高，具韧性，易操作。但不易过晚，叶片量大或植株过大时操作困难，破口过大，地温提升慢，影响生长。覆盖地膜应在早晨、傍晚或阴天进行。盖膜后立即破膜提苗，地膜展平后，立即进行浇水。

（5）温湿度管理 温湿度调控是日光温室半促成栽培的重要技术环节。开始扣棚保温后到现蕾前，不易升温过猛，刚经过休眠的植株需要有一个适应高温的过程，同时前期温度过高对花芽分化的后期完善有影响。

保温初期：白天适宜温度为 24～30℃，夜间为 9～10℃，最低 8℃，当室温超过 35℃时，应及时通风换气降温。夜温达不到要求时，可采用加盖草帘等保温措施升温。室内空气湿度可保持在 85%～90%。

显蕾开花期：温度和湿度都不能过高或过低。一般白天应控制在 23～25℃，夜间 8～10℃。白天温度超过 28℃，就会影响正常的授粉受精。此期湿度一般控制在 50% 左右，高于 60% 或低于 30%，就会影响正常的授粉受精，导致畸形果增多。

浆果膨大期：温度要求低些，在接近成熟时，要经常通风换气，调节温度，白天保持在 20～23℃，夜温保持在 5～8℃。此期若温度高，则浆果小、采收早；若温度较低，则浆果大、采收迟。所以可根据当地市场的需要，灵活控制温度。草莓进入 3 月中下旬后，气温逐渐升高，可顶风、底风同时放，底风宜在中午逐日加大放风量，一般在 4 月 20 日前后即可撤除棚膜。

（6）肥水管理 基肥的使用量和施用方法同日光温室促成栽培，具体操作方法参照“日光温室促成栽培技术”部分。除了在定植前施入基肥外，在整个植株生长期还要及时追肥，以补充养分的不足。一般追肥与灌水结合进行，每次追施的液体肥料剂量以 0.2%～0.4% 为宜，注意肥料中氮、磷、钾的合理搭配。追肥的时期分别是：第一次追肥是在植株顶花序显蕾时，此时追肥的作用是促进顶花序生长。第二次追肥是在顶花序果实开始转白膨大时，此次追肥的施肥量可适当加大，施肥种类以磷、钾肥为主。第三次追肥是在顶花序果实采收期。第四次追肥是在第一腋花序果膨大期。

日光温室半促成栽培也不能采取大水漫灌的灌溉方式，因为大水漫灌容易增大温室内空气湿度，引发病害，同时还会造成土壤升温慢，延迟植株生长发育进程。因此，日光温室半促成栽培必须采用膜下灌溉的方式，最好采用膜下滴灌。定植后及时灌水，上冻前灌足封冻水。升温后的灌水总体上做到“湿而不涝，干而不旱”。

（7）赤霉素处理 在草莓半促成栽培中喷洒赤霉素可以加快打破植株休眠，进而促进开花结果。赤霉素的处理时期是升温后植株开始生长时，剂量为 5～10mg/L，较促成栽培剂量稍大，但因品种

而异，休眠深的品种适当大些，使用量为每株5mL，要喷在苗心，而不要喷在叶片上。

(8) 植株管理、辅助授粉 参照“日光温室促成栽培技术”。

(9) 病虫害防治 日光温室半促成栽培草莓最容易发生的病害是白粉病、灰霉病、根腐病等，危害最重的害虫是螨类和蚜虫。具体的病虫害防治方法见第七章。

2. 塑料大棚半促成栽培技术

塑料大棚半促成栽培，是在草莓植株即将结束休眠之前，应用多种措施打破休眠，通过覆盖棚膜进行保温，使植株提早发育和结果的栽培方式。这种栽培方式既不同于塑料大棚促成栽培，又有别于一般的拱棚早熟栽培。

(1) 品种和苗木选择 根据半促成栽培的特点，南方应选休眠较浅的品种，如丰香、章姬、鬼怒甘、红颜、书香等。北方应选休眠较深的品种，如达赛莱克特、石莓6号、石莓7号等。大棚草莓的半促成栽培，由于比小拱棚采收早，开花前生育期变短，所以对秧苗质量要求较高。秧苗标准是：根系发达，白根多，叶柄短粗，成龄叶5片以上，新茎粗1cm以上。

(2) 土壤消毒及整地做垄 参照本章“日光温室促成栽培技术”。

(3) 定植时期 半促成栽培的定植时期可在花芽分化以前定植，石家庄地区8月下旬9月上旬前后，或在花芽分化以后定植，大约在10月上旬。北方寒冷地区在8月下旬至9月初定植，南方温暖地区可于10月下旬以后定植。若定植太早，花芽尚未完成分化，往往因移苗伤根而影响花芽分化和发育。定植深度要求“深不埋心，浅不露根”。定植时植株弓背朝向垄沟方向，这样花序全部排列在垄沿上，有利花果管理和果实采收。

采用大垄双行的定植方式，半促成栽培较促成栽培植株后期生长量大，株行距可适当大些，株距15~18cm，小行距25~30cm，大行距60cm，亩用苗量7000~8000株。定植时应保持土壤湿润，最好先用小水将垄面浇湿。一般在晴天傍晚或阴雨天进行定植，应尽量避免在晴天中午阳光强烈时定植。定植后及时浇水，保证植株早缓苗，定植后一周内每天早晨和傍晚各浇水一次，有条件的要适当遮阴。

(4) 扣棚及地膜覆盖 草莓生长在10月中下旬，随日照的缩短和气温的降低，开始进入休眠期，到12月初，休眠逐渐深化，以后又逐渐觉醒。普通半促成栽培是使草莓植株在自然低温条件下，打破休眠之后开始保温。但是，休眠完全解除之后保温，草莓因生长过旺而导致减产，结的果小而硬，品质差。时间通常是在1月上中旬。扣棚过早，植株休眠难以打破，植株矮小，长势弱，即使花序抽生并开花结果，产量也明显受影响；扣棚过晚，会出现植株营养生长过旺的现象，匍匐茎大量抽生，整个收获期延迟。

扣棚保温后不久，进行地膜覆盖。地膜覆盖应在早晨、傍晚或阴天进行，盖膜后立即破膜提苗，地膜展平后，立即进行浇水。

(5) 温湿度管理

1）温度管理。大棚半促成栽培比露地栽培提早成熟1~2个月，可以获得较高的效益。在棚温调控方面，扣棚后需要密闭保温，以促进植株茎叶的生长，扩大叶面积，促进光合作用，提高植株体内营养累积水平，进而有利于开花结果。扣棚前期，要保证白天温度在30℃左右，夜间最低温度应保持8℃以上。如夜温达不到要求，应在棚内扣小拱棚，必要时在小拱棚上加盖草帘；当昼温超过35℃时，要白天撤除小拱棚。保温1个月后，新叶展开3~4片时，开始现蕾开花。开花时花器对高温极为敏感，超过35℃时花粉生活力降低，影响授粉受精。夜温降到0℃以下时雌蕊易受冻，长出畸形果。此段时期，白天保持20~25℃，夜间保持8~10℃，地温保持在18~20℃为宜。温度过高时要及时通风换气。此时调温作业要稳，不使温度有高、低剧烈变化，以防对花器发育不利。果实膨大期白天温度可保持20~22℃，夜间5~10℃，此时，可根据市场需要来调节温度，温度高成熟早，但果小，温度低些成熟延迟，但果个大。

2）湿度管理。升温后，植株开始快速生长，从此要尽可能降低大棚内的湿度，因为棚内湿度过大，容易发生病害，影响草莓的正常生长发育。除了通过覆盖地膜及膜下灌溉来降低温室内湿度以外，还要特别重视通风换气。开花期，棚内的湿度应控制在40%~50%。

（6）水肥管理

1）浇水。定植后及时灌水，扣棚前灌透水，扣棚后为降低棚内湿度做到“湿而不涝，干而不旱”。

2）施肥。基肥的施用量和施用方法见本章的“日光温室促成栽培技术”部分。除了在定植前施入基肥外，在整个植株生长期还要及时追施肥料以补充养分的不足。一般追肥与灌水结合进行。

（7）赤霉素处理 在草莓半促成栽培中喷洒赤霉素可以加快打破植株休眠，进而促进开花结果。赤霉素的处理时期是升温后植株开始生长时，剂量为5～10mg/L，用量为每株5mL，赤霉素喷施一定要掌握好剂量，品种不同剂量不一样，同一品种如果剂量过小作用不明显，剂量过大出现徒长。同时要把药液喷在苗心，而不要喷在叶片上。

（8）植株管理 参见本章“日光温室促成栽培技术”。

（9）辅助授粉 参见本章“日光温室促成栽培技术”。

（10）病虫害防治 塑料大棚半促成栽培草莓最容易发生的病害是白粉病、灰霉病、根腐病等，危害最重的害虫是螨类、蚜虫和白粉虱。具体的病虫害防治方法见本书第七章。

3. 塑料中、小拱棚早熟栽培

（1）中小拱棚的结构和特点

1）小拱棚。小拱棚结构简单，取材容易，搭建方便，样式多，投资少，管理方便。拱棚材料以竹竿、竹片、木杆做骨架，也有的用6～8mm的钢筋或轻型扁钢。小拱棚一般长10～20m，跨度1.5～1.8m，棚中间拱起高度为0.8～1m，采用拱圆棚。小拱棚不宜过长，过长不利于通风换气，每隔10m要设一通风口。拱架之间50～80cm，深20～30cm，棚膜可选用0.06～0.08mm厚的聚乙烯薄膜，无滴薄膜更好，扣膜后必须用压膜线固定。夜间覆盖草帘，以防大风卷膜。南北、东西向棚均可，一般东西向棚成熟早，南北成熟不一致，南边的早北边的晚，南北走向的棚东西成熟基本一致，采收较集中。小拱棚空间小，管理不便，小拱棚保温效果较差，棚内温度变化较大，一般加盖草帘比露地提高4～6℃，棚内最低温度时间是12月至第二年1月下旬。

2）中拱棚。中拱棚是介于小拱棚和大拱棚之间的设施结构，空间较小拱棚大，人员可以进入操作。一般宽 3 ~ 6m，中高 1.5 ~ 1.8m，长 10m 以上，面积 30 ~ 60m^2 不等。中拱棚和小拱棚的性能相似，由于其空间较大，热容量较大，故棚内温度变化较小，温度条件优于小拱棚。

塑料中、小拱棚早熟栽培是在露地栽培基础上发展起来的一种栽培方式，所以对草莓生产中的休眠、花芽分化问题不必过多考虑，生产技术相对简单。塑料小拱棚早熟栽培的草莓比露地栽培的草莓提早 15 ~ 20 天成熟，塑料中拱棚早熟栽培的草莓比露地栽培的草莓提早 20 ~ 30 天成熟，效益较好。

（2）品种的选择 中、小拱棚栽培品种选择与露地基本一致，只是北方可选用休眠较深，低温需求量较多，较抗病的品种；南方可选用休眠期浅，低温量要求较少，耐高温、抗病较强的品种。其秧苗质量的要求与露地基本相同。

（3）土壤消毒及整地做垄 土壤消毒的具体方法参照“日光温室促成栽培技术”部分。土壤消毒应提早进行，在 7 月末至 8 月初完成。

土壤消毒后平整土地，施入腐熟的优质农家肥 3000 ~ 5000kg 和氮、磷、钾复合肥 50kg（农家肥也可以在太阳热土壤消毒时加入，通过高温使农家肥充分腐熟），然后做畦。小拱棚一般采用平畦栽培或半高垄栽培，平畦宽 1.3 ~ 1.4m；也可半高垄定植，垄高 10cm，垄面宽 40cm，垄沟宽 30cm，垄面呈弧形。中拱棚可起高垄，垄面上宽 50 ~ 60cm、下宽 70 ~ 80cm，垄沟宽 20 ~ 30cm，垄高 25 ~ 30cm。

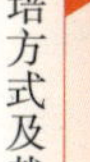

（4）定植时期及方法 根据育苗方式确定草莓植株定植时期，同时因地区而异。对于假植苗，当顶花芽分化完成后开始定植，在北方地区，通常是在 9 月中下旬定植。对于非假植苗，北方地区要提前定植，一般是在 8 月中下旬定植，而南方地区一般是在 10 月上中旬定植。

小拱棚平畦栽 4 行，株距 20cm，行距 30cm；半高垄栽培，垄上两行，株距 20cm，小行距 25 ~ 30cm，大行距 40 ~ 45cm；亩定植

10000株左右。中拱棚采取大垄双行的定植方式，植株距垄沿10cm，株距15~18cm，小行距25~30cm，亩用苗量8000~10000株。定植的深度要求“深不埋心、浅不露根”。定植过浅，部分根系外露，吸水困难且易风干；定植过深，生长点埋入土中，影响新叶发生，时间过长引起植株腐烂死亡。定植时植株弓背朝向垄沟，这样花序全部排列在垄沿上，有利于疏花疏果和果实采收。

（5）扣棚时期及温度调控 覆盖棚膜的时间依各地区的气温回升情况来确定，生产上有早春扣棚和晚秋扣棚两种形式。我国南方地区多在早春草莓新叶萌发前进行扣棚，如果扣棚过早，虽然植株能够提早生长发育和开花结果，但早春的低温易造成花器官和幼果受害，早春扣棚对棚膜本身有利，但较难操作，早熟效果不如冬前。春季扣棚时，需撤除地膜上其他覆盖物，保留地膜，并及时破膜提苗。秋季扣棚在北方地区较普遍，冬前进行省工省时易操作，当外界最低气温降至5℃左右时，可以进行扣棚。扣棚后，植株还有一段时间生长，延长了植株花芽分化时间，增加花芽的数量和促进花芽分化质量，有利于提高产量，早熟效果好。缺点是经过一个冬季，棚膜易老化，冬季易被大风吹坏，须加强管理。扣棚后若棚内温度超过24℃，要通风降温，一方面防止温度过高引起植株徒长和伤害叶片，另一方面保证花芽分化。通风一般从棚两端开放，夜间闭合拱棚保温。

不同的生长发育期对温度要求不同，棚内一般不能低于5℃，或高于30℃。萌芽到现蕾期（展叶期）白天温度控制在15~20℃，夜间6~8℃；开花坐果期白天20~25℃，夜间最低不能低于5℃；果实发育期控制在10~28℃。拱棚昼夜温差大，可达20℃左右。随着温度的上升，当夜间气温稳定在7℃以上时，草莓植株通风锻炼3~5天后，拱棚可以撤掉。

（6）防寒 在北方地区，土壤封冻前要浇一次透水，然后在垄上盖上地膜，地膜上覆盖10cm厚的稻草或秸秆。风比较大的地区要在拱棚四周围一层草帘，既防止大风吹坏拱棚，又起到一定的保温作用。早春夜间温度低，要将拱棚风口封严，若遇突然降温天气或霜冻可在拱棚附近点若干堆火，利用烟熏以减少不良环境条件对草莓植株造成的伤害。

（7）升温后管理 早春随外界气温的逐渐升高，可分批去防寒稻草，然后破膜提苗，清除老叶、枯叶。拱棚升温后植株就转入正常的生长发育阶段，这时要及时浇水、追施一次液体肥，以满足植株萌发的需要。在顶花序显蕾时和顶花序果开始膨大时要追肥，追肥与灌水结合进行。肥料中以氮、磷、钾配合，液肥剂量以0.2%～0.4%为宜。浇水不可以采取大水漫灌，否则易造成地温上升慢，病害严重等现象。除结合施肥浇水外，还要根据土壤缺水程度和植株需水情况适时补充水分，以满足植株对水分的需求。

（8）病虫害防治 病虫害防治方法参照第七章。

四 抑制栽培技术

草莓植株在生育停止期有很强的耐低温能力，一般草莓茎、叶在－8℃的低温条件下不会受冻害，而花芽在－2～3℃的低温下较长时间冷藏，花芽也不会枯死。草莓冷藏抑制栽培是利用草莓在生育停止期较强的耐低温能力，把具有一定花芽数量的草莓植株在土壤解冻后，开始生长以前，从育苗圃中取出，放入低温冷库中进行冷藏，强迫植株休眠，抑制植株生长，当需要栽植时，将秧苗从冷库取出，再种植到田间使其开花结果，以达到人为调节草莓采收期的目的。从理论上讲，只要自然条件适合，秧苗可在一年中任何时期出库定植，但如果在夏季高温定植，草莓开花结果早，生育期短，采收期也短，果个小，味酸，品质差。所以生产上北方地区多在秋季气温凉爽时期（一般9月上中旬，定植后50天后采收，出库越早采收越早。）定植于保护地，定植后很快开花结果，可弥补10月至第二年1月的草莓淡季市场供应。但不同的地方秧苗入库和出库的时间不同，成熟期也不一样，因此抑制栽培是实现草莓周年供应的重要措施之一。

1. 冷藏苗的标准及培育

由于冷藏期间连续数月，植株本身的消耗较大，所以草莓冷藏抑制栽培对草莓苗的质量要求较高。其秧苗标准是：冷藏苗必须是形成足够花芽的壮苗，植株健壮无病虫害，具有7～8片浓绿叶，新茎粗1.5～2cm，苗重35g左右，特别是粗根多，储藏养分充足，不

过早现蕾，氮素含量不要太多，耐长期冷藏。因为根系不发达的徒长苗易失水枯死。同时，要求雌蕊、雄蕊形成期的优质壮苗为宜。因为性细胞对低温非常敏感，冷藏苗如果前期花芽分化过度，在冷藏期间容易发生冻害。

培育适宜冷藏的优质壮苗，特别是要求有较多较粗的须根，育苗圃以疏松土壤为好，选择沙壤土或沙土，这样便于低温冷藏前把植株根系上的土抖掉，以利于形成发达的根系，根系多对冷藏苗的延迟栽培非常有利。同时，要在8月中下旬选择3~4片叶的苗培养，育苗期适宜摘去基部叶片，以促发新叶和新根，冷藏前达到秧苗要求。

冷藏苗的培育过程中，施肥特点是：花芽分化前保证氮肥供应，促进植株生长；入冬前减少氮肥用量；多施磷、钾肥，以防徒长，不耐冷藏。

2. 秧苗冷藏技术

（1）冷藏时期 草莓苗低温冷藏时间可在秋末冬初，也可在冬末解除休眠前进行。河北地区在11月中旬，沈阳地区在11月上旬，而江苏草莓产区一般年份为1月中下旬。北方地区也可在2月上中旬，再晚了植株已开始活动，花芽发育过度，冷藏期间易受冻。研究结果表明，12月下旬至第二年2月中旬入库，产量均较高。为了降低成本，一般在土壤解冻时入库。

（2）秧苗处理 冷藏前起苗一定要在秧苗处于休眠期进行，选择健壮秧苗，起苗时要注意保护全根，同时要把根部的泥土轻轻抖落，用清水冲洗干净，去掉老叶、枯叶、病叶，保留展开叶2~3片，以尽量减少呼吸作用对储藏养分的消耗，也利于装箱。有现蕾的一定要摘除花蕾。根据苗子质量对苗木进行分级，再用1000~1500倍液的70%甲基托布津喷雾防病，将苗放在阴凉处晾干，然后立即装箱，装箱时秧苗不能过干或过湿，否则会造成冷藏苗失水或因冻结而腐烂。

（3）苗木装箱 装苗时可用木箱或纸箱，箱内铺上报纸或带孔的塑料薄膜。采用报纸的草莓苗在冷藏中易干燥，影响出库后的开花结实。因此，包装材料以采用聚乙烯地膜或乙烯—醋酸乙烯薄膜为宜。装箱时苗在箱内排成两列，苗叶靠箱两侧，根在中间互相交错排列，以每箱装500～1000株为宜。装箱的关键是要装得松紧适度，装满后，用手按略有弹性为宜。如果装得松，苗量少，箱内易干燥；装得过紧，水分过多，容易冻结和腐烂，而且定植后影响成活率及现蕾。装满箱后，用薄膜将苗密封，然后把箱子捆好。

（4）库温控制 冷藏期间的温度及其稳定性是冷藏抑制栽培能否成功的关键。把包装好的苗木入冷库后，先在5℃室温下进行预冷，5天后将冷库温度始终保持在－2℃的恒温条件下。如果温度升到1℃以上时，芽开始萌动，3℃以上时新芽生长，新根出现，病原菌活动旺盛，易造成秧苗腐烂。－3℃以下时根和芽易受冻害。日本爱知县基础研究部流通利用研究所的试验表明（表6-1），不同变温处理效果不同。冷藏初期温度为－2℃，60天后变为－4℃的，冷藏效果最好，植株既无冻害也无霉菌发生；其次是初期为－2℃，30天后变为－4℃的效果较好，植株冻害较轻，霉菌发生率也较低，仅为14.3%，其他处理效果均不好。

表6-1 冷藏温度处理对植株的影响

温度处理	植株状况	霉菌发病率（%）
0℃	霉菌发生多	61.0
－2℃	较好	47.5
－4℃	因冻害而萎蔫	42.5
－2℃ 30天后变为－4℃	稍有冻害	14.3
－2℃ 60天后变为－4℃	良好	0.0
－2℃ 60天后变为－6℃	有冻害和霉菌	100.0
－2℃ 30天后变为－6℃	轻微冻害、萎蔫	—

冷藏初期给予一定时间的预冷是非常重要的，尤其是入冬前冷藏，必须有一段预冷期，使植株逐渐适应冷藏时所确定的温度。预冷时间的长短视植株的体温而定，体温高预冷时间要长，体温低预冷时间可短。预冷时把秧苗挖出后先放到冷凉的地方，使其体温降低，然后入库。如果春季开始冷藏，一般不必预冷。

（5）出库处理 冷藏苗出库时，先在遮阴处放置2~3h，使之逐渐适应外界气温，再开箱取苗。出箱后用水冲根使苗吸水，在傍晚时栽植。也可在傍晚出库，放置一夜，第二天早晨开始流水浸根（3h左右），之后定植。定植前先选出发黄或霉菌污染的苗，剪掉根端变黑的部分，用800倍液50%多菌灵或1000倍液70%甲基托布津浸泡后定植。

3. 定植时期与管理

（1）栽植时期 冷藏抑制栽培的定植时间主要取决于市场需要、浆果采摘期与果实发育的时间长短。4~5月定植的需经2个月才能收获，6~8月出库定植的，约30天即可采收果实。

（2）土、肥、水管理 冷藏苗定植时，根系基本上还未开始活动，短时间内根系生长要晚于地上部生长，故定植后不要马上追肥，成活后再追肥。长江流域以高畦栽培为好，畦面宽110cm，沟宽35cm，畦高20~25cm，每畦栽4行，株行距22cm×25cm，亩定植8000株左右。北方多用平畦栽培，也可用高畦覆盖地膜栽培，畦宽70cm，畦高15~20cm，每畦栽2行。

定植后及时充分浇水，保持土壤湿润。早期出库定植的幼苗正处于高温期，栽植后要用遮阴网覆盖4~5天，以保证成活。6~7月出库定植的，应该全期覆盖遮阳网。

（3）植株管理 定植后如果植株生长旺盛，可把冷藏前的老叶摘掉，同时摘除匍匐茎，这样既可以减少养分消耗，又能防止传染灰霉病。栽植早的冷藏苗，果实发育期短，果个小，需要进行疏花疏果，每株保留8~10个果；如果栽植较迟，后期用大棚覆盖的，生长期长，花梗粗，花大果大，可尽量多留花果。冷藏苗延迟栽培多在高温期开始采收果实，果实的膨大、成熟都是在较短的时期内完成，果小而软的，不宜保持新鲜度。因此，采收要适当早些，不要太熟，应在早晨气温较低时采收。

五 无土栽培技术

在设施农业中，无土栽培正在改变着传统种植方式，成为飞速发展的新兴学科。目前国内外设施草莓的栽培面积不断扩大，但是以土壤为介质的栽培方式，使草莓连作障碍日益严重，植株长势减弱，产量降低，果实品质下降，抗病性变弱。实践证明，无土栽培具有节水、节能、省工、省肥、减少环境污染、防止连作障碍、产品无污染及高产高效等诸多优点。并且由于其栽培技术的逐渐成熟和发展，应用范围和栽培面积也不断扩大，经营与技术管理水平空前提高，实现了集约化、工厂化生产，达到了优质、高产、高效、安全、低耗的目的。

无土栽培是不用天然土壤，而利用含有植物生长发育所必需的元素的营养液来提供营养，并可使得植物能够正常地完成整个生长周期的一种种植技术。无土栽培又称为营养液栽培、溶液栽培、水耕、水培、养液栽培等。随着世界各国有机农业的发展，人们对无土栽培越来越赋予更新更广的含义，凡是不用土壤，用各种无机、有机基质配合适当的有机肥料及少量无机肥料来栽培作物的方式均属于无土栽培的范畴。

1. 无土栽培的优点

目前作为商业性生产的无土栽培都是在保护设施内综合调控环境下进行的。我国常用的设施有玻璃温室、日光温室、塑料大棚、防雨棚及遮阳网覆盖等。因此，无土栽培是保护地栽培或设施栽培中的一种技术。

(1) 优质高产 无土栽培能充分发挥作物的生产潜力，结果期可以人为调控营养液成分和含量，使产量成倍增长，使果实营养含量增加，改善外观，提高品质。由于无土栽培病虫害轻，可少用或不用农药，环境条件清洁卫生，便于生产绿色草莓。

(2) 节约水分和养分 无土栽培避免了水分的渗漏，比传统土壤栽培节水50%～70%。同时，避免了营养元素的土壤固定、流失，比土壤施肥省肥50%～80%，且不像土壤那样由于各种元素的损失不同使元素间含量失衡，而是使营养元素保持平衡，提高肥料的利用率。

(3) 避免土传病害及连作障碍 一些严重的病害均可通过病残体和土壤传播。无土栽培不需要土壤，也没有留在土壤中的病株残体，减少了病源。由于土壤盐分积累、病虫害加重、根系抑制生长的分泌物的增加等原因造成的连作障碍同样也不会发生。采用无土

栽培是解决保护地连作障碍的最佳途径。

（4）不受地区限制，充分利用空间 无土栽培摆脱了土地的约束，在许多沙漠、荒原、海岛等，或难以耕种的地区，都可以采用无土栽培加以利用。无土栽培也不受空间限制，可以在保护地内进行立体种植，也可以利用楼房的平顶进行种植，扩大栽培面积，改善生态环境。

（5）省工省力，易于管理 无土栽培无须中耕、翻地、锄草等作业，省工省力。浇水施肥同时进行，管理十分方便，如果全程采用计算机控制，会更省工、省力，更方便。

（6）利于实现农业现代化 无土栽培摆脱了自然环境的制约，可以按照人的意志进行生产，是一种受控农业。有利于实现机械化、自动化，从而逐步走向工业化、现代化。

当然，无土栽培一次性投资高，运行成本较高；技术性强，对管理人员素质要求高；必须有充足的能源保证等。

2. 无土栽培的类型和方式

无土栽培的方式方法多种多样，不同国家、不同地区由于科学技术发展水平不同、当地资源条件不同、自然环境的差异等，采用的无土栽培类型和方法各异，目前还没有一个统一的分类方法。目前比较普遍的分类方法，是根据作物根系的固定方法来区分，大体上可分为无基质栽培（又称介质栽培）和基质栽培两大类。也有按其消耗能源的多少和对环境生态条件的影响分类的，可分为有机生态型和无机耗能型无土栽培等。

（1）无基质栽培 这种栽培法，一般是除了育苗时采用基质外，定植后不用基质，它又可分为水培和喷雾栽培两大类。

1）水培。定植后营养液直接和植物根系接触，不用基质的栽培方法。它的种类很多，我国常用的有营养液膜法、深液流法和浮板毛管水培法等。

2）喷雾栽培。简称雾培或气培，它是将营养液用喷雾的方法直接喷到植株根系上的方式。植株根系是悬挂在容器中的内部空间，通常是用聚丙烯泡沫塑料板，在其上按一定的距离钻孔，将植株根插入孔内，根系下方安装自动定时喷雾装置，营养液可循环利用。这种方法可同时解决根系吸氧和吸收营养元素的问题，但因设备投资大，电能消耗大，目前还只限于科学研究应用，生产上很少应用。

（2）基质栽培 基质栽培是植物通过基质固定根系，并通过基质吸收营养液和氧气，它又可分为有机基质和无机基质两大类。基质栽培是生产中应用面积最大的一种方式。

1）有机基质。应用草炭、锯末、树皮、刨花、稻壳、蔗渣等，均可作为无土栽培的基质。

2）无机基质。无机基质的种类很多，包括蛭石、珍珠岩、沙、砾、陶粒、炉渣等颗粒基质，聚乙烯、聚丙烯、脲醛等泡沫基质及岩棉等纤维基质。

（3）无机耗能型和有机生态型无土栽培

1）无机耗能型无土栽培。无机耗能型无土栽培指全部用化肥配制营养液的一种栽培方式，营养液循环中耗能多，且灌溉排出液污染环境和地下水，生产出的食品，硝酸盐含量超标，不符合绿色食品的生产要求。

2）有机生态型无土栽培。有机生态型无土栽培是指不用天然土壤，而使用基质，不用传统的营养液灌溉植物根系，而是使用有机固态肥并直接用清水灌溉作物的一种无土栽培技术。这一栽培方式在全国推广应用，获得了较好的经济和社会效益。有机生态型无土栽培除了具有一般无土栽培的特点外，还具有以下优点。

一是它把有机农业导入无土栽培，突破了无土栽培必须使用营养液的传统观念，以固态肥取代营养液，取消了配制营养液所需要的大量设备，因此大大降低了无土栽培一次性投资的成本和运转成本。

二是在基质中施用有机肥，营养元素齐全，在管理上着重考虑氮、磷、钾三要素的供应总量及其平衡状况，简化了营养液的管理过程。

三是有机生态型无土栽培系统排出液中硝酸盐的含量只有1～4mg/L，因此对环境无污染。

四是由于从栽培基质到所施用的肥料，均以有机质为主，所用

的有机肥也经过了一定的加工处理，在其分解释放养分过程中，不会出现过多的有害物质，因此可是产品达到A及或AA级绿色食品标准。

由此可见，有机生态型无土栽培技术将会在我国的无土栽培发展中，日益显示出它的作用和优越性。

3. 有机生态型无土栽培技术

（1）栽培模式 根据需要可选用地面砌砖槽栽培（图6-61）、草莓专用槽栽培（图6-62）、分层槽式栽培（图6-63）、立柱式栽培（图6-64）、吊袋式栽培（图6-65）、袋培（图6-66）以及盆栽（图6-67）等多种形式，采用立体栽培既可充分利用空间，使植株立体受光，又能提高单位面积产量和果实品质，草莓成熟后红果悬挂于空中，使游人在清洁、优美的环境中享受采摘的乐趣（图6-68）。

图6-61 地面砌砖槽无土栽培

图6-62 草莓专用槽栽培

图6-63 分层槽式栽培

图6-64 立柱式栽培

图 6-65　吊袋式栽培

图 6-66　袋培

图 6-67　盆栽

图 6-68　采摘的乐趣

（2）无土栽培草莓苗的培育　草莓有机生态型无土栽培对秧苗的苗龄、质量有较高的要求，最好采用无病毒苗，并采用无土育苗来培育。

利用草莓匍匐茎的茎尖组织培养技术培养无病毒种苗，用原种苗来繁殖无土栽培用的生产用子苗，并且最好采用无土育苗。无土育苗具有加速秧苗生长、缩短苗期、利于培育壮苗、避免土传病虫害的作用，并可以控制草莓植株体内碳氮比，从而实现控制花芽分化的进程。秧苗生长后期为促进花芽分化，可中断氮肥的施用，即在 8 月下旬将浇灌的营养液改用冷凉的井水，在中断氮肥供应的同时，降低根际温度，可起到促进花芽分化的作用。在秧苗培育期间要及时摘除植株上的老叶和新发生的匍匐茎，以减少营养消耗，促进秧苗健壮生长。

（3）无土栽培基质的选择　无土栽培的基质包括有机基质和无

机基质。有机基质主要包括草炭、锯末、树皮、刨花、稻壳、蔗渣等；无机基质的种类很多，包括蛭石、珍珠岩、沙、砾、陶粒、炉渣等颗粒基质，聚乙烯、聚丙烯、脲醛等泡沫基质及岩棉等纤维基质。

(4) 栽植与管理

1）栽植方式。无土固体基质栽培，多采用砖砌栽培槽或专用栽培槽进行栽培。砖砌栽培槽一般做成内径48cm，外径72cm，深20cm，槽间距40～50cm，方便田间操作，做槽时先在槽内铺一层砖，槽内铺0.1mm的聚乙烯农用膜与土壤隔离。专用草莓栽培槽一般上口宽30cm、底宽20cm、高为25cm。栽培槽内装入栽培基质，配置滴灌设施即可进行无土栽培，一般栽培槽以南北方向为宜。

固体基质由无机基质和有机基质混合而成，应疏松通气，蓄水力强，无病虫害。生产上常用的基质配方有以下几种。

① 草炭∶蛭石＝3∶1。

② 草炭∶蛭石∶珍珠岩＝4∶1∶1。

③ 草炭∶锯末（或废棉籽皮）∶蛭石（或珍珠岩）＝1∶1∶1。

④ 草炭∶蛭石＝2∶1。

混匀后每立方米加10kg腐熟的优质有机肥（如鸡粪）。这些基质能像土壤一样对草莓根系起固定、支持作用，给草莓植株提供氧气、水分、养分，满足草莓生长发育的需要。在生长过程中如果感觉缺肥，可以在滴管浇水的时候补充营养液或速效肥。

2）栽植时期与栽后管理。无土栽培的栽植时期一般在8月中下旬至9月上中旬进行。在栽植前准备好栽植槽，装入配好的基质，浇水沉实，使基质略低于槽口，然后铺设滴灌管，覆盖黑色农用地膜压严四周。一般每个栽植槽栽2行，行距20cm，株距15cm。

秧苗栽植时应选择优质壮苗，随取随栽，秧苗从育苗钵中取出后轻轻抖掉根部所带基质，摘除基部老叶，然后栽植。在栽植槽中栽植时，按规定的株行距打孔破膜，栽植时植株弓背向外，栽好后将栽植孔封严。秧苗栽后的管理与一般日光温室栽培基本相同，栽培管理参照一般日光温室栽培。

第七章
草莓病虫草害防治技术

第一节　草莓主要病害及防治

一　草莓真菌和细菌病害

1. 草莓白粉病

草莓白粉病在草莓整个生长期均可发生，苗期染病造成秧苗质量下降，移植后不易成活；果实染病后严重影响草莓品质，导致成品率下降。在适宜条件下，白粉病可以迅速发展，蔓延成灾，损失严重。

【为害症状】　草莓白粉病主要为害叶、叶柄、花、花梗和果实，匍匐茎上很少发生。

1）叶片染病。在发病初期，叶片的背面（彩图 30）和茎上产生白色近圆形星状小粉斑，随着病情的加重，病斑逐渐扩大并且向四周扩展成边缘不明显的白色粉状物；发病后期严重时（彩图 31），多个病斑连接成片，整片叶子上布满白粉，叶缘也向上卷曲变形，最后叶片呈汤匙状。

2）花蕾、花、花托染病（彩图 32）。花瓣呈粉红色或浅粉红色，花蕾不能开放，花托不能发育。

3）果实染病（彩图 33）。幼果发病时病部发红，不能正常膨大，发育停止，干枯；果实后期发病（彩图 34），果实表面明显覆盖一层白粉，严重影响浆果质量，失去商品价值。

【发病规律】　病原菌是羽衣草单囊壳菌，属子囊菌门。病原菌

是专性寄生菌，以菌丝体或分生孢子在病株或病残体中越冬和越夏，成为第二年的初侵染源，主要通过带菌的草莓苗等繁殖体进行中远距离传播。环境适宜时，病菌借助气流或雨水扩散蔓延，以分生孢子或子囊孢子从寄主表皮直接侵入。经潜育后表现为病斑，7天左右在受害部位产生新的分生孢子，重复侵染，加重危害。病菌侵染的最适温度为15~20℃，低于5℃和高于35℃均不利于发病；适宜的发病湿度是40%~80%，雨水对白粉病有抑制作用，孢子在水滴中不能萌发。草莓发病的敏感生育期为坐果期至采收后期，发病潜育期为5~10天。该病是日光温室和大棚草莓栽培的主要病害，严重时可导致绝产绝收。

【防治方法】

1）农业防治。选用抗病强的品种，如甜查理、达赛莱克特等；栽前植后要清洁园地；草莓生长期间及时摘除病残老叶和病果，并集中销毁；多施有机肥，合理施用氮、磷、钾肥，避免徒长；合理密植，保持良好的通风透光条件；雨后及时排水，加强肥水管理，培育健壮植株；大棚及温室内要适时放风，控制棚内湿度，晴天注意通风换气，阴天适当开棚降湿。

2）药剂防治。

①硫黄熏蒸（图7-1）。对于温室栽培的草莓来说，可以采用硫黄熏蒸的方法预防白粉病的发生。一般在10月下旬左右就要进行预防，每亩大棚使用99.5%的硫黄粉15~20g，每天熏蒸2h，每周2次，连续2周即可，能起到较好的预防效果。在白粉病发病期每天用硫黄熏蒸8h，连用7~10次，恢复预防期的使用方法即可。

图7-1　硫黄熏蒸防治白粉病

②喷药防治。在发病初期，选用50%翠贝干悬浮剂5000倍液，或40%福星乳油8000倍液，或25%粉休2000倍液进行喷雾防治，在发病中心及周围重点喷施，7~10天喷1次，连续防治3次。

> 【重要提示】 白粉病一定要以预防为主，一旦发病很难控制。日光温室栽培一般在扣棚保温后到开花前进行预防。苯醚甲环唑、丙环唑等唑类杀菌剂对草莓生长有抑制作用，花前生长期注意用量及次数。

2. 草莓灰霉病

草莓灰霉病也是目前草莓生产中的一个重要病害。草莓灰霉病的发生常造成烂果，一般可减产 10%～30%，发病严重地块减产达到 50% 以上，对草莓产量、品质影响很大。

【为害症状】 草莓灰霉病对花、叶、叶柄、果实都会造成危害。

1）花染病（彩图 35）。发病多从花期开始，病菌最初从将开败的花或较衰弱的部位侵染，草莓的花变为浅褐色坏死腐烂，产生灰色霉层。

2）叶片染病（彩图 36）。叶片受害是在叶缘处开始腐烂，病斑黄褐色呈“V”字形，其上有灰色的霉层。

3）果实染病。多从残留的花瓣或靠近或接触地面的部位开始，发病初期（彩图 37）呈水渍状灰褐色坏死，随后颜色变深，果实腐烂，表面产生浓密的灰色霉层（彩图 38）。

【发病规律】 病原菌是葡萄孢属的灰霉菌，属半知菌门。病菌以菌丝、菌核或分生孢子在病残体上或土壤中越冬和越夏。在环境条件适宜时分生孢子借风雨及农事操作传播蔓延，发病部位产生新的分生孢子，重复侵染，加重危害。病菌喜温暖潮湿的环境，发病最适气候条件为温度 18～25℃，相对湿度在 90% 以上。草莓发病的敏感生育期为开花坐果期至采收期，发病潜育期为 7～15 天。保护地栽培比露地栽培的草莓发病早且重。阴雨连绵、灌水过多、地膜上积水、畦面覆盖稻草、种植密度过大、生长过于繁茂等，均易导致草莓灰霉病严重发生。

【防治方法】

1）农业防治。选用抗病品种，一般欧美系等硬果型品种的抗病性较强，而日本系等软果型品种较易感病；避免过多施用氮肥，防止茎叶过于茂盛，合理密植，增强通风透光，及时清除病老枯叶和

病果，并带出园外销毁或深埋；选择地势高燥、通风良好的地块种植草莓，并实行轮作。保护地栽培要深沟高畦，覆盖地膜，膜下灌溉，并及时通风透光，以降低棚室内的空气湿度，减少病害。

2）药剂防治。

① 烟熏预防。保护地栽培在花前用10%腐霉利烟剂或45%百菌清烟剂，每亩用药300～400g，于傍晚用暗火点燃后立即密闭烟熏1夜，第二天打开通风，或每亩用6.5%乙霉威超细粉尘剂1kg喷粉尘防治，7～10天熏1次。烟熏和喷粉尘效果优于喷雾，因其不增加湿度，防治较为全面且彻底。

② 喷药防控。以预防为主，用药最佳时期是在草莓开花前，药剂可选用50%克菌丹可湿性粉剂400～600倍液，或50%烟酰胺干悬浮剂1200倍液，或75%代森锰锌干悬浮剂600倍液，或50%腐霉利可湿性粉剂800倍液，或10%多氧霉素可湿性粉剂1000～2000倍液等。每7～10天喷药1次，连续防治3次，注意各种药交替使用，以免产生抗药性。

【重要提示】 灰霉病一定要提前预防，效果会更好。日光温室栽培一般在扣棚保温后到开花前进行预防；特别是果实发育及成熟期应避免棚内湿度过大，浇水最好采用膜下滴灌；露地栽培在果实成熟期一定要浇小水，避免大水漫灌。

3. 草莓炭疽病

引起草莓炭疽病的真菌包括草莓炭疽菌、尖孢炭疽菌和胶孢炭疽菌。最常见的炭疽根茎腐病是由草莓炭疽菌引起的，胶孢炭疽菌和比较少见的尖孢炭疽菌也可引起草莓根茎腐烂病。炭疽病主要发生在育苗期、匍匐茎抽生期和定植初期，在结果期很少发生，是草莓苗期的主要病害之一。近几年来，炭疽病的发生有上升趋势，尤其是在草莓连作地，遇上高温高湿天气，炭疽病会成为育苗田毁灭性的病害，给培育优质壮苗带来了严重障碍，优质壮苗是产量和质量的基础，所以做好炭疽病的预防工作对于提高草莓的产量及品质具有重要的意义。

【为害症状】 草莓炭疽病主要为害匍匐茎、叶柄、叶片，也为害托叶、花瓣、花萼和果实。炭疽病染病后可导致局部病斑或全株萎蔫枯死。

1）叶片染病。病斑为圆形或不规则形，直径0.5~1.5mm大小不等，偶尔有3mm大的病斑，病斑通常为黑色，有时为浅灰色，常类似于墨水渍，因为在变色区内的细胞并不死亡，坏死斑点不扩展。发病初期心叶1~2片失水，以后整株逐渐枯死。

2）叶柄和匍匐茎染病（彩图39、彩图40）。发病初期，叶柄和匍匐茎出现稍凹陷、较小、中央为棕褐色、边缘为紫红色的纺锤形病斑，蔓延后发展到全部叶柄及整条匍匐茎，以致匍匐茎顶端发生枯死现象，潮湿时，病斑上出现鲑红色的分生孢子块。匍匐茎受害后枯死，会严重影响子株的存活，对草莓苗繁殖的影响非常大。

3）根茎部染病（彩图41）。草莓根茎染病的最初症状是病株在水分胁迫期间的午后表现萎蔫，病株最新的2~3个叶片在一天最热的时候出现萎蔫，然后傍晚恢复过来。在环境条件有利于侵染时，这个变化过程可能持续几天直到根茎部被广泛侵染，引起整株萎蔫和死亡。将枯死或萎蔫植株根茎部纵向切开，可见红褐色、硬的腐烂块，或者红褐色的条纹。有的植株还会出现芽腐的症状（彩图42），在植株移栽到生产田的几天内或者在定植和形成多个根茎后的几周内，尖孢炭疽菌会引起植株的芽腐，被侵染的芽变成褐色至黑色。只有单芽的植株死亡，有多个分枝的植株，被侵染的分枝芽腐烂，而其余分枝继续生长，如果病菌继续侵染发展后会引起整株萎蔫和死亡。将被侵染的芽和根茎纵向切开，被侵染的深色芽组织与健康白色的根茎组织间有一个明显的界限。即使整株死亡，也不会出现像草莓炭疽菌侵染根茎部那样，使根茎变成红褐色。

4）果实染病。炭疽病为害果实（彩图43），病斑呈圆形，浅褐至暗褐色，软腐状并凹陷，果实表面有黄色的黏状物即分生孢子。被侵染的果实最终干缩成僵果。

【发病规律】 病原菌是炭疽菌属的草莓炭疽菌，属半知菌门。草莓炭疽病菌以分生孢子在患病组织或落地病残体内越冬，显蕾期开始在近地面植株的幼嫩部位侵染发病，在田间分生孢子借助雨水

及带菌的操作工具、病叶、病果等进行传播。草莓炭疽病是典型高温、高湿性病害，当气温在30℃左右，相对湿度在90%以上时，发病严重，在盛夏高温雨季该病易流行。连作田发病更重。偏施氮肥、栽植过密、行间郁闭等引起植株生长柔嫩及通风透光差，都有利病害的发生，可在短时期内造成毁灭性的损失。

【防治方法】

1）农业防治。选择抗病的品种，不同品种间抗病性差异很大，各地应根据实际情况选用优质、高产、抗病品种，如石莓7号、达赛莱克特、甜查理等；育苗地避免重茬，重茬地要进行土壤消毒；栽植密度适宜，不宜过密；合理施肥，氮肥不宜过量，施足有机肥和磷钾肥，扶壮株势，提高植株抗病力；同时注意园内湿度不宜过大，对易感病的品种要采用避雨育苗，高温季节遮盖遮阳网；及时摘除病枯老叶、病茎及带病残株，并集中烧毁，减少病菌传播。

2）药剂防治。炭疽病的药剂预防，要从苗期做起。可以喷施25%阿密西达悬浮剂1500倍液，或80%代森锰锌可湿性粉剂700倍液，或50%咪酰胺锰盐750倍液，交替使用，每隔5~7天喷施1次，连喷3次即可。喷施时要注意整棵植株都得喷到，必要时将药随浇水灌入根颈部位，这样能起到更好的预防效果。草莓定植大田后再用药1次，就能防治高温天气导致炭疽病引起的定植苗全株萎蔫性死亡。

【重要提示】 栽植时最好选用脱毒种苗；在夏季、雨季最好要进行遮阴避雨，雨后及时排除苗圃中的积水。

4. 草莓根腐病

草莓根腐病属于土传病害，是日光温室草莓栽培中大面积发生的一种根部病害。草莓根腐病分为草莓根腐病（全根腐烂）、草莓白根腐病（根腐烂成白色）、鞋带冠根腐病（受害根似鞋带状）、红中柱根腐病（根部中柱变成红褐色，由内向外腐烂）、黑根腐病（根呈黑色或棕褐色，由外向内腐烂）五种。该病近年来逐渐增多，严重时可造成整个草莓园区的毁灭，已成为影响草莓产业发展的重要病害，常见的为草莓红中柱根腐病。

【为害症状】 草莓红中柱根腐病是冷凉和土壤潮湿地区的主要根部病害。该病可以分为急性萎蔫型和慢性萎缩型两种类型。

1）植株症状。急性萎蔫型（彩图44）多在春夏季发生，从定植后到早春植株生长期间，植株外观上没有异常表现，只是在草莓生长中后期，草莓植株突然发病萎蔫，不久呈青枯状，引起全株枯死。慢性萎缩型（彩图45）定植后至冬初均可发生，呈矮化萎缩状，下部老叶叶缘变为紫红色或紫褐色，逐渐向上扩展，全株萎蔫或枯死。

2）根部症状。在发病初期检视根部，可见根系开始都由幼根先端或中部变成褐色或黑褐色而腐烂（彩图46）；将根纵向切开（彩图47），可见腐烂的根尖以上变红，最终变色可延伸到根颈，将根颈横切，发现根颈中部变成红褐色（彩图48）。严重时将根颈部横切（彩图49）和纵切（彩图50），可见病根木质部及根部坏死褐变，整条根干枯，地上部叶片变黄或萎蔫，最后全株枯死（彩图51）。

【发病规律】 草莓红中柱根腐病的病原菌是疫霉属的草莓疫霉菌，属卵菌门。病菌以卵孢子在土壤中存活，由病土和病苗传播。病斑部位产生的孢子囊借助灌水或雨水传播蔓延。卵孢子在晚秋初冬时产生游动孢子，侵入主根或侧根尖端的表皮，形成病斑。菌丝沿着中柱生长，导致中柱变红、腐烂。卵孢子在土壤中可以存活数年，条件适宜时产生分生孢子进行初侵染和再侵染。该病是低温病害，土壤温度低、湿度高时易发病，地温6～10℃是发病适温，地温高于25℃则不发病，大水漫灌、排水不良地块发病重。另外，重茬连作地、植株长势衰弱、低洼排水不良、大水漫灌、土壤缺乏有机质、偏施氮肥、种植过密等因素都会加重病情。

【防治方法】 草莓红中柱根腐病的发生具有突然性和毁灭性，所以，做好预防很重要。预防根腐病的发生，可采取农业和药剂结合的综合防治方法。

1）农业防治。实行轮作倒茬，草莓田要实行4年以上的轮作，减少土壤中病菌的传播；选无病地育苗，减少种苗带病的机会；选择抗病品种，如甜查理、达赛莱克特等；施用充分腐熟的有机肥，

注意磷钾肥的使用，以增强植株的抗性；采用高畦或起垄栽培，尽可能覆盖地膜，提高地温，减少病害；雨后及时排水，采用微喷滴灌设施，尽量不要采用大水漫灌，避免造成积水；中耕尽量避免伤根。

2）药剂防治。

① 定植前，用2.5%适乐时悬浮剂600倍液浸根处理3～5min，晾干后可定植。

② 定植后发现病株及时拔除，并用50%甲霜灵可湿性粉剂1000～1500倍液、70%代森锰锌500倍液、70%甲基托布津1000倍液可湿性粉剂喷雾防治，交替使用，每隔7～10天喷施1次，连喷3～4次，可有效防治草莓红中柱根腐病的发生。或用64%杀毒矾可湿性粉剂500倍液，或72%霜脲锰锌可湿性粉剂800倍液，或72.2%普力克水剂400～500倍液，或69%安克锰锌水分散颗粒剂或可湿性粉剂700倍液，或25%爱苗乳油3000倍液，或98%噁霉灵可湿性粉剂2000倍液灌根，或用25%瑞毒霉1000倍液加2000倍液的农用链霉素混配后灌根，消毒病株附近的土壤，可以起到一定的防治效果。

【重要提示】 栽植时最好选用脱毒壮种苗；连作地块要进行土壤消毒。

5. 草莓疫霉果腐病

【为害症状】 草莓疫霉果腐病（草莓革腐病）主要发生在果实、花和根部，匍匐茎上也能发病。

1）根部首先发病，由外向里变黑，革腐状。发病早期地上部症状不明显，中期植株生长较差。在开花结果期，如果空气和土壤干旱，则植株地上部分失水萎蔫，果小、无光泽、味淡，严重时植株死亡。

2）青果染病后出现浅褐色水烫状斑（彩图52），并迅速蔓延全果，果实变为黑褐色，后干腐硬化（彩图53），呈皮革状，略具弹性，因此又称草莓革腐病。成熟果发病时，病部稍褪色失去光泽，白腐软化（彩图54），发出臭味，湿度大时果面长出白色菌丝。

3）繁育小苗期间也能发病，主要症状是匍匐茎发干萎蔫，最后干死。

【发病规律】 病原菌主要有疫霉属的恶疫霉或苹果疫霉、柑橘褐腐疫霉、柑橘生疫霉和辣椒疫霉等，均属卵菌门。其菌丝无色，有分支，不分隔，孢子囊顶生，近球形或卵形，乳突较显著，孢子囊脱落有一短柄，菌丝生长温度为10～30℃，最适温度是25℃，病菌侵染适温为17～25℃。病菌以卵孢子在病果、病根等病残物或土壤中越冬，因此，发病地区的病苗和土壤都可作为病原远距离传播的媒介。病原孢子借风雨、流水、农具等传播。阴雨天气，土壤黏重多湿发病严重，连作重茬地病情严重。

【防治方法】

1）农业防治。实行洁净栽培。将无病苗栽在无病田里，一般不会发病，所以，建立无病繁苗基地，实行统一供苗；高畦栽培，防止积水；合理施肥，忌偏施、重施氮肥。

2）药剂防治。发病初期可用64%杀毒矾、黄腐酸盐等进行灌根，或用72.2%普力克600倍液，或72%克露600倍液，或58%甲霜灵·锰锌可湿性粉剂、50%代森锰锌可湿性粉剂500倍液，或35%瑞毒霉可湿性粉剂1000倍液，或69%安克锰锌可湿性粉剂1000倍液，或25%多菌灵可湿性粉剂300倍液，或90%乙磷铝（疫霜灵）500倍液，或40%克菌丹可湿性粉剂500倍液，72%霜脲锰锌（克抗灵）可湿性粉剂800倍液，喷雾防治，均能收到较好的防治效果。7～10天喷1次，连喷3～4次。

6. 草莓终极腐霉烂果病

【为害症状】 终极腐霉主要侵害近地面的根和果实，根部染病后变黑腐烂（彩图55），轻则地上部萎蔫，重则全株枯死。贴地面果和近地面果实容易发病，发病初期病部呈水渍状，熟果病部略呈褐色，后常呈现微紫色，病果软腐略具弹性，果面长满浓密的白色棉状菌丝（彩图56）。叶柄、果梗也可受害变黑干枯。

【发病规律】 病原菌是终极腐霉菌。病菌广泛存在于土壤、农家粪肥及植物病残体中，并能在土壤中长期存活，只要温、湿度条

件适宜，即可引起病害发生。菌丝生长适温为28~36℃。染病种苗、病土和田间流水均可进行传播。高温、多雨、经常灌水的田块发病均重。重茬地、低洼地、湿度大、密度大等发病重。贴地面果实最易感染。

【防治方法】

1）农业防治。选择避风向阳高燥地块种植草莓；苗床或定植前地块采用太阳能土壤消毒；高畦作床，低洼积水地注意排水，提倡沟灌，忌漫灌；合理施肥，不偏施、重施氮肥；采用地膜栽培或用其他材料垫果，可减轻发病。

2）药剂防控。发病初期用25%甲霜灵可湿性粉剂1000~1500倍液，或70%代森锰锌、75%百菌清、40%克菌丹500倍液，或72%克抗灵可湿性粉剂800倍液，或35%瑞毒霉、69%安克锰锌可湿性粉剂1000倍液，或25%多菌灵300倍液，或10%苯醚甲环唑（世高）水分散粒剂1000~1500倍液，或15%恶霉灵水剂400倍液，或2%农抗120水剂200倍液。7~10天喷药1次，连喷2~3次，采收前1周停药。也可用20%二氯异氰脲酸钠（菜菌清）可溶性粉剂300~400倍液，或70%乙膦·锰锌可湿性粉剂500倍液，或50%立枯净可湿性粉剂900倍液灌根，每株灌兑好的药液200mL。

7. 草莓黑霉病

【为害症状】 黑霉病主要为害草莓果实，被害果实初为浅褐色水渍状病斑，继而迅速软化腐烂流汁（彩图57），切开果实后看到染病部位果肉变黑（彩图58），失去商品价值，发病部位最终蔓延全果，果实上生颗粒状黑霉（彩图59），只要一处被侵染出现病斑果实会很快腐烂，继而波及相邻果实（彩图60）。

【发病规律】 病原菌为毛霉属的毛霉菌。病原菌在土壤及病残体上越冬，生长期靠风、雨、气流传播，在果实成熟期侵染发病。特别是在草莓采收后不及时处理常常迅速大量发病，只要一处被侵染出现病斑便很快全果腐烂，继而波及相邻果实被侵染腐烂，软腐流汤，特别是在储藏期容易造成大量腐烂，损失惨重。

【防治方法】

1）农业防治。避免草莓连作，确需连作时，草莓地需进行病原清理并土壤消毒，于定植前利用太阳能＋石灰氮（50kg/亩）＋秸秆（750kg/亩）高温闷棚进行土壤消毒，消毒揭膜先晾3～5天后再栽植；加强肥水管理，培育健壮秧苗，及时摘除老叶和病果。

2）药剂防治。采收前喷布50%多菌灵可湿性粉剂600倍液，或70%代森锰锌可湿性粉剂500倍液，或50%苯菌灵可湿性粉剂1500倍液，或2%农抗120或2%武夷霉素水剂200倍液，或27%高脂膜乳剂80～100倍液，重点喷洒果实。另外，采前喷施0.1%高锰酸钾溶液也有一定的防治效果。

8. 草莓芽枯病

【为害症状】 草莓芽枯病主要为害花蕾、幼芽、托叶和新叶，成熟叶片、果梗等也可感病。感病后的花序、幼芽青枯逐渐枯萎（彩图61），呈灰褐色；托叶和叶柄基部感病后产生黑褐色病变（彩图62）。叶正面颜色深于叶背，脆且易碎；最终整个植株呈猝倒状或变褐枯死（彩图63）。茎基部和根受害皮层腐烂（彩图64），地上部干枯容易拔起。从幼果、青果到熟果都可受到病菌侵害，被害果病部表现出暗褐色不规则形斑块，僵硬，最终全果干腐，故又称草莓干腐病。

【发病规律】 病原菌是立枯丝核菌。该菌在世界各地的土壤中广泛分布，腐生性很强，是多种作物的重要根部病害。病菌以菌丝体或菌核随病株残体在土壤中越冬，通过病苗、病土传播。发病的适宜温度是22～25℃，几乎在草莓整个生长期都可以发病，气温低及遇有连阴雨天气时易发病，寒流侵袭或温度过高发病重。多肥高湿的栽培条件容易导致该病害的发生和蔓延，栽植密度过大和栽植过深会加重病害发生程度。在田间繁苗的夏季，芽枯病有时也发生。

【防治方法】

1）农业防治。

① 倡导无病土育苗。育苗土可以采用1m^3土与100g 68%金雷水分散粒剂加上100mL 2.5%适乐时悬浮剂混均匀铺在苗床中，分苗转育苗时再对苗圃地面喷施68%金雷水分散粒剂600倍液以封杀地面残菌。重病地块可进行土壤处理，每亩用50%菌毒清可湿性粉剂或

50%多菌灵或40%恶霉灵可湿性粉剂2~3kg，拌细土均匀撒于定植沟或定植穴中。为避免重茬，草莓应与禾本科作物实行4年以上的轮作。

② 加强栽培管理。避免使用病株作为母株；正确定植，草莓定植切忌过深，做到“浅不露根，深不埋心”；合理密植，栽植密度不可过大；发现病株应及时拔除，集中进行烧毁或深埋；增施有机肥，发酵肥；定植后浇一次小水，防止水淹；大棚和温室保护地栽培草莓要适时适量放风，合理灌溉，浇水宜安排在上午，浇水后迅速放风降湿。

2）药剂防治。草莓显蕾时开始喷淋10%立枯灵悬浮剂300倍液，或10%多抗霉素可湿性粉剂500~1000倍液，或2.5%适乐时悬浮剂1500倍液，或40%信生可湿性粉剂5000倍液，或98%噁霉灵可湿性粉剂1500倍液，或50%和瑞水分散粒剂1500倍液淋喷或淋灌植株。7天左右喷1次，共喷2~3次。在棚室中防治，可以采用百菌清烟剂熏蒸的方法，每亩用药110~180g，分放5~6处，傍晚点燃密闭棚室，过夜熏蒸，7天熏1次，连熏2~3次。

9. 草莓褐色轮斑病

【为害症状】 草莓褐色轮斑病主要为害叶片，果梗、叶柄、匍匐茎和果实也受为害。受害叶片最初出现红褐色小点（彩图65），逐渐扩大呈圆形或近椭圆形斑块，中央为褐色圆斑，圆斑外为紫褐色，最外缘为紫红色，病健交界明显（彩图66）；后期病斑上形成褐色小点（病菌的分生孢子器），多呈不规则轮状排列；几个病斑融合在一起时，可导致叶组织大片枯死，病斑干燥时易破碎。叶柄、果梗、匍匐茎发病后，产生黑褐色稍凹陷的病斑，病部组织变脆而易折断。浆果受害多在成熟期，病部褐色软腐，略凹陷。

【发病规律】 病原菌为世界各地广泛分布的拟点属的草莓褐色轮斑病菌，属半知菌门。分生孢子器浅褐色，球形。病原菌以菌丝体和分生孢子器在病叶组织上越冬或随土壤中的病株残体一起越冬。越冬病菌到第二年6~7月产生大量分生孢子，分生孢子通过雨水溅射或空气传播到叶片上，进行初侵染。病部不断产生分生孢子从而进行多次再侵染，使病害逐渐蔓延扩大。在高温（25~30℃）多湿季节，病害发生严重。重茬和漫灌加重病害的发生。

【防治方法】

1）农业防治。选用抗病品种；加强栽培管理，地膜覆盖栽培可有效减少初侵染；定植前清除病残体及病叶，集中烧毁；适量浇水，雨后及时排水。

2）药剂防治。定植前可用50%甲基托布津可湿性粉剂1000倍液浸苗5min，待药液晾干后栽植。病害有潜伏期，防治应尽早。用2%农抗120水剂200倍液，或70%甲基托布津可湿性粉剂500倍液，或40%多硫悬浮剂（灭病威）500倍液，25%阿密西达悬浮剂1500倍液，或75%达克宁可湿性粉剂600倍液，或10%苯醚甲环唑（世高）水分散粒剂1500倍液，或40%信生可湿性粉剂6000倍液，或32.5%阿米妙收悬浮剂1000倍液，或65%阿米多彩悬浮剂800倍液，或50%扑海因可湿性粉剂1000倍液，50%利霉康可湿性粉剂800倍液等进行喷雾防治，连喷2~3次。

10. 草莓“V”形褐斑病

【为害症状】 草莓“V”形褐斑病，是草莓主要病害之一。该病菌主要为害叶片，也为害花和果实。此病在老叶上起初表现为紫褐色小斑，逐渐扩大成褐色不规则形病斑，周围常呈暗绿或黄绿色晕圈。在幼叶上病斑常从叶顶部开始，沿中央主叶脉向叶基呈“V”字形或“U”字形发展，形成“V”形病斑（彩图67），病斑褐色，边缘浅褐色，一般1个叶片只有1个大斑，严重时从叶顶伸达叶柄，乃至全叶枯死（彩图68）。花和果实受侵染后，花萼和花梗变褐死亡，浆果引起干性褐腐，病果坚硬，最后被菌丝所缠绕。该病与草莓褐色轮斑病的症状较难区分，草莓褐斑病多在春季低温期盛发，而草莓褐色轮斑病是高温盛夏季节的重要病害。

【发病规律】 病原菌为日规壳属的草莓日规壳菌，属子囊菌门。病菌在病残体上越冬和越夏，子囊孢子和分生孢子在空中经风雨传播，侵染发病。该病属于偏低温高湿病害，春秋特别是春季多阴湿天气有利于病害的发生和传播，一般花期前后和花芽形成期是发病的高峰期。在设施栽培中，偏施氮肥、苗弱、光照差条件下容易发病。

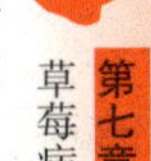

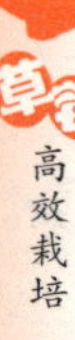

【防治方法】

1）农业防治。栽植抗病品种，如石莓4号、达赛莱克特等；加强栽培管理，注意植株通风透光；不要偏施速效氮肥；适度灌水，促使植株生长健壮；及时摘除病、老、枯死叶片，集中深埋或烧毁。

2）药剂防治。发病初期喷施50%甲基托布津可湿性粉剂600～800倍液，或用50%多菌灵可湿性粉剂600倍液，或40%克菌丹可湿性粉剂500倍液，或75%百菌清可湿性粉剂500～700倍液，或80%代森锌可湿性粉剂500～600倍液，或50%多霉清可湿性粉剂600倍液，或50%利霉康可湿性粉剂600倍液，或25%阿米西达悬浮剂1500倍液等进行喷雾防治，7～10天喷1次，连喷2～3次，农药可交替使用。

11. 草莓蛇眼病

【为害症状】 草莓蛇眼病主要为害叶片，造成叶病斑，大多发生在老叶上。叶柄、果梗、嫩茎、浆果及种子也可受害。叶上病斑初期为暗紫红色小斑点，随后扩大成2～5mm的圆形病斑，边缘为紫红色，中心部为灰白色至灰褐色，略有细轮纹，酷似蛇眼，故叫蛇眼病或白斑病（彩图69）。病斑发生多时，常融合成大型斑。病菌侵害浆果上的种子，单粒或连片侵害，被害种子同周围果肉变成黑色，果实丧失商品价值。湿度高时，病斑表面产生白色霉层，即病菌分生孢子梗和分生孢子。发病重时，叶上布满病斑，叶片枯焦坏死。

【发病规律】 病原菌无性世代为柱隔孢属的杜拉柱隔孢，属半知菌门；有性世代为草莓蛇眼小球壳菌，属子囊菌门。病菌以病斑上的菌丝体或分生孢子随种苗越冬，也可产生细小的菌核或子囊壳越冬，越冬后第二年春产生分生孢子或子囊孢子，随风雨进行传播和初次侵染，后病部产生分生孢子进行再侵染。病苗和表土上的菌核是主要传播载体。病菌发育适温为18～22℃，低于7℃或高于23℃发育迟缓。秋季和春季光照不足，天气阴湿发病重。重茬田、管理粗放和排水不良地块发病重。

【防治方法】

1）农业防治。草莓品种间抗病性有明显差异，可选用抗病品种；加强栽培管理，定植时汰除病苗，采收后及时清理田园，摘除病、老、枯死叶片，集中深埋或烧毁；多施有机肥，不单施速效氮肥；适度灌水，忌猛水漫灌。

2）药剂防治。发病初期喷淋70%代森锰锌可湿性粉剂350倍液，或用47%加瑞农可湿性粉剂500倍液，或50%敌菌灵可湿性粉剂500倍液，或30%倍生乳油1200倍液，或40%百科乳油1200倍液，或75%百菌清可湿性粉剂500倍液，或80%大生可湿性粉剂600倍液，或40%福星乳油5000倍液，或70%甲基托布津可湿性粉剂600倍液等喷布，采收前3天停止用药。保护地栽培每亩可用5%百菌清粉尘剂或5%加瑞农粉尘剂1kg喷粉防治，10天喷1次，共2~3次。

12. 草莓细菌性叶斑病

【为害症状】 草莓细菌性叶斑病主要为害叶片，果柄、花萼、匍匐茎上也常有发生。初侵染时在叶片下表面出现水浸状红褐色不规则形病斑（彩图70），病斑扩大时受细小叶脉所限呈角形叶斑，故也称角斑病或角状叶斑病。病斑光照时呈透明状，但以反射光看时呈深绿色。病斑逐渐扩大后融合成一片，渐变浅红褐色而干枯。湿度大时叶背可见溢有菌脓，干燥条件下成一薄膜，病斑常在叶尖或叶缘处，叶片发病后常干缩破碎（彩图71）。严重时使植株生长点变黑枯死。

【发病规律】 病原菌为草莓黄单孢菌，属细菌。病原菌在种子或土壤里及病残体上越冬。该病是随着草莓繁殖材料的引进而迅速传播的，播种带菌种子，幼芽在地下即可染病，导致幼苗不能出土，有的虽能出土，但出苗后不久即死亡。在田间通过灌溉水、雨水及虫伤或农事操作造成的伤口或叶缘处水孔侵入致病并传播蔓延。病菌先侵害少数薄壁细胞，后进入维管束向上下扩展。发病适温为25~30℃，高温多雨、连作、地势低洼、灌水过量、排水不良、人为伤口或虫伤多等均会导致发病严重。

【防治方法】

1）农业防治。通过检疫，防止病害传播蔓延；清除枯枝病叶，

集中深埋或烧毁，减少病源；减少人为伤口，及时防治虫害；加强土肥水管理，提高植株抗病能力；苗期小水勤浇，降低土温，雨后及时排水，防止土壤过湿。

2）药剂防治。定植前进行土壤消毒，每公顷用50%福美双可湿性粉剂或40%拌种灵粉剂11.25kg，兑水150kg，拌入1500kg细土后穴施；发病初期用2%农抗120水剂200倍液，或72%农用硫酸链霉素可湿性粉剂3000~4000倍液，或30%碱式硫酸铜悬浮剂500倍液，或1%新植霉素可湿性粉剂3000~5000倍液，或2%春雷霉素水剂400~500倍液，或2%武夷霉素水剂150~200倍液喷雾治疗，隔7~10天喷1次，连续防治3~4次。采收前3天停止用药。

二 草莓生理性病害

1. 草莓高温日灼

【症状表现】 草莓高温日灼症是草莓生产中常见的生理病害之一。

1）发生于中心嫩叶初展或未展时，叶缘急性干枯死亡，干死部分为褐色或黑褐色（彩图72），由于叶缘细胞死亡，而其他部分细胞迅速生长，所以受害叶片多数像翻转的酒杯或汤匙（彩图73），受害叶片明显变小。

2）发生于植株成龄叶片时，受害叶片似开水烫伤状失绿、凋萎，呈茶褐色干枯，枯死斑色泽均匀，表面干净，受害轻时仅在叶缘锯齿部位发生（彩图74），受害重时可使叶片大半枯死（彩图75）。

3）果实成熟期若遇中午高温时，果实因直接照射到强光而很干燥，果实表面的温度上升很快，果实阳面的部分组织失水灼死，受害部位先是变白变软呈烫伤状（彩图76），后呈干瘪凹陷，呈浅褐色（彩图77），失去商品价值。

【发病原因】 植株根系发育较差，新叶过于柔嫩；雨后暴晴，光照强烈，加快叶片蒸腾作用；经常喷洒赤霉素，阻碍根的发育，发病加重；施肥过量、土壤水分含量过低、根系吸水困难导致植物体严重缺水也会发生叶灼；保护地栽培于3~4月管理不当，棚内温度过高易产生叶灼；不同品种对高温干旱的敏感度不同，根系不发达的品种嫩叶易受害，叶片薄脆的品种成龄叶易受害，果实皮薄果肉含水量高的品种果实易受害。

【防治措施】

1）选择对高温干旱不敏感的品种。

2）栽健壮秧苗，在土层深厚的田块种草莓，以利于根系发育。高温干旱季节到来之前，在根际适当培土保护根系。

3）慎用赤霉素，特别是在高温干旱期要少用赤霉素。

4）根据天气干旱情况和土壤水分含量情况适时补充土壤水分，不过量猛施肥料，施肥后要及时灌水。

5）夏季高温季节注意遮阴防晒，减少日灼。

2. 草莓冻害

冻害的发生一般多与突然低温袭击有关。

【表现症状】 冻害一般在秋冬和初春期间气温骤降时发生，或设施栽培室温控制不当时发生。有的叶片部分冻死干枯，有的花蕊和柱头受冻后柱头向上隆起干缩，花蕊变为黑褐而死亡（彩图78）；幼果受冻时停止发育，并变成暗红色干枯僵死（彩图79），大果受冻后发硬变褐（彩图80）。

【发病原因】 越冬时绿色叶片在－8℃以下的低温中可大量冻死，影响花芽的形成、发育和第二年的开花结果。在花蕾和开花期出现－2℃以下的低温，雌蕊和柱头即发生冻害。通常是越冬前降温过快而使叶片受冻。而早春回温过快，促使植株萌动生长和抽蕾开花，这时如果骤然降温，即使气温不低于0℃，由于温差过大，花器抗寒力极弱，使花朵不能正常发育，往往还会使花蕊受冻变黑死亡。花期出现低温花瓣常出现红色或紫红色，严重时叶片也会受冻干卷枯死。

【防治措施】

1）晚秋控制植株徒长，冬前浇封冻水，越冬及时覆盖防寒物。

2）早春不要过早去除覆盖物，在初花期于寒流来临之前要及时加盖地膜防寒或熏烟防晚霜危害。

3）冷空气来临前给园地灌水，增加土壤湿度，提高抗寒能力；或及时对叶片喷施1.8%复硝酚钠水剂3000～5000倍液。

4）保护地进行人工加温。

3. 草莓畸形果

【表现症状】 果实过肥或过瘦，或呈鸡冠状（彩图 81）、指头果（彩图 82）、双头果（彩图 83）、多头果（彩图 84）、果面凹凸不平整（彩图 85）及奇形怪状（彩图 86）等形状，均称为畸形果。

【发病原因】 品种本身育性不高，雄蕊发育不良，雌性器官育性不一致，导致授粉不完全引起的；棚室内授粉昆虫少或由于阴雨低温等不良环境影响导致授粉昆虫少或花朵中花蜜和糖分含量低，不能吸引昆虫授粉；开花授粉期温度不适、光线不足、湿度过大或土壤过干等，导致花器发育受到影响或花粉黏性下降，花粉开裂和花粉发芽受到影响，遮光和短日照也会使不黏花粉缓慢增加，出现受精障碍；在花期使用杀螨剂等药剂导致雌蕊褐变，影响正常授粉；氮肥施用过量、缺硼、植株营养生长与生殖生长失调等均能导致畸形果。

【防治措施】

1）选育花粉量多、耐低温、畸形果少、育性高的品种。如甜查理、石莓 6 号、石莓 7 号等。

2）改善栽培管理条件，排除花器发育受到障碍的因素，特别是保护地要调控适宜的温湿度，提高花粉的黏性，减少畸形果发生。

3）花期放蜂加强昆虫授粉，是防止畸形果发生的有效措施。防治白粉病等病虫害的药剂应在开花 6h 至受精结束以后再喷洒，有利于防止草莓产生畸形果。

4）多施有机肥，适量施磷钾肥，少施氮肥，适当补充硼肥。施肥后要及时浇水以保持土壤湿润，田间最大持水量应保持在 70%～80%之间，防止土壤干旱。

5）中耕时要防止伤根，保持土壤疏松，创造良好的根际环境。

4. 草莓生理性白化叶

【表现症状】 草莓生理性白化叶也被称作六月黄、短暂黄、条纹黄、严重条纹、白条纹和杂纹，是一种在世界范围内发生的，且逐渐恶化的病害。感病株叶片上出现不规则、大小不等的白色斑纹或斑块（彩图 87），白斑或白纹部分及叶脉完全失绿，但细胞仍完全存活。感病的叶片和花蕾、萼片都表现出失绿（彩图 88）症状。重病株矮小，叶片光合能力下降或基本丧失，越冬期间极易死亡。

【发病原因】 据最新研究，草莓生理性白化叶不会由嫁接、机械伤或者昆虫携带的植株汁液传播到健康植株，而会由父系或母系传播到后代实生苗。有研究显示，草莓生理性白化叶是一种非传染性的基因起源病症，但是仍无法确定它的遗传机理。病症不能归咎于核基因，而且已表明细胞质基因参与其中；有些科学家猜测，细胞质基因或许起到了病毒或类病毒的作用。对草莓生理性白化叶植株的专门测试没有发现类病毒，而且电子显微镜对于被感染植株的病叶切片的大量研究也没有发现任何病毒的微粒或其他致病物。但是，这类研究发现了受感染植株的叶绿体和细胞质膜的严重破裂，并且破裂程度会随着病症的严重程度而增加。所以该病与遗传有关。

【防治方法】 发现病株立即拔除，不能作为母株繁苗使用；不栽病苗；选用抗病品种。

5. 激素药害

【表现症状】 草莓设施栽培中有的喷赤霉素过量致使叶柄特别是花茎徒长，从而花小、果小，严重影响产量（彩图 89）。喷施三唑类药物如多效唑过量致使植株过于矮化或紧缩（彩图 90）。

【发病原因】 赤霉素可促进植物细胞分裂和伸长，发挥顶端优势，剂量过高或用药量过多，就会使植株旺长；叶柄和花序梗生长过长，把有限的营养过多地用于植株伸长生长，限制了果实的生长造成长穗小果，从而造成严重减产。

> ⚠ **【注意】** 多效唑是一种植物生长暂时性延缓剂，可抑制植物体内赤霉素的合成，控制茎干伸长，抑制顶芽生长，促进侧芽萌发和花芽的形成，增加花蕾数，提高坐果率，改善果实品质，提高抗寒力。但如果使用剂量超过 500mg/L，会因抑制作用太强，导致植株矮缩，造成减产。

【防治方法】 严格掌握激素的使用适期、使用剂量、用药量和使用次数。赤霉素原粉难溶于水，使用时先用少量 95% 乙醇溶解后加水稀释；水溶液易失效，应现配现用，不可与碱性农药和肥料

混用。

6. 缺氮症

氮对植物的生长、发育、产量、品质有重要影响。

【表现症状】 缺氮症状通常先从老叶开始，逐渐扩展到幼叶。一般刚开始缺氮时，特别在生长盛期，成龄叶子逐渐由绿向浅绿色转变（彩图91），随着缺氮的加重，叶片变为黄色（彩图92），局部枯焦。幼叶或未成熟的叶子，随着缺氮程度的加剧，叶片反而更绿，但叶片细小、直立。老叶的叶柄和花萼则呈微红色，叶色较浅或呈现锯齿状亮红色。果实常因缺氮而变小。根系色白而细长，须根量少，后期根停止生长，呈现褐色。轻微缺氮时田间往往看不出来，并能自然恢复。

【发生原因】 土壤瘠薄，且没有正常施肥易表现缺氮；管理粗放、杂草丛生时，常缺氮。

【防治方法】

1）施足底肥，以满足草莓春季生长发育的需要。

2）发现缺氮，每亩可土施硝酸铵11.5kg，施后立即灌水，效果明显。也可在开花前喷0.3%～0.5%尿素1～2次。

3）深施氮肥，肥效持久，可防止氮肥损失，克服表施氮肥造成植株前期徒长后期缺肥早衰的缺点。

4）氮肥和其他肥料配合使用，以提高土壤氮素肥力，保证高产稳产。

7. 缺磷症

磷对植物体内的生理功能起很大作用，如果没有磷，植物的全部代谢活动都不能正常进行。

【表现症状】 草莓缺磷时，植株生长弱，发育缓慢，叶色带青铜暗绿色。缺磷的最初表现为叶片深绿，比正常叶小；缺磷加重时，有些品种的上部叶片外观呈黑色，具有光泽，下部叶片为浅红色至紫色（彩图93），近叶缘的叶面上呈现紫褐色的斑点。较老叶龄的上部叶片也有这种特征。缺磷植株的花和果比正常植株要小，有的果实偶尔有白化现象。根部生长正常，但根量少，颜色较深。缺磷草莓植株的顶端受阻，明显比根部发育慢。

【发生原因】 草莓缺磷主要是由土壤中含磷量少引起的，如果土壤中含钙量多或酸度高时，磷素易被固定，不易被吸收；在疏松的沙土或有机质多的土壤中也易发生缺磷现象。

【防治方法】

1）可在草莓栽植时每亩施过磷酸钙100kg，随农家肥一起施。

2）植株开始出现缺磷症状时，每亩喷施1%～3%的过磷酸钙澄清液50kg，或叶面喷布0.3%磷酸二氢钾2～3次。

8. 缺钾症

钾在光合作用中占重要地位，淀粉的形成、草莓新器官的形成都需要钾素参与。适度喷施钾肥有促进果实膨大和成熟，改善品质，提高抗旱、抗寒、抗高温和抗病虫害的能力。

【表现症状】 草莓开始缺钾的症状常发生在新成熟的上部叶片，叶边缘出现黑色、褐色和干枯（彩图94），继而发展为灼伤状（彩图95），还可在大多数叶片的叶脉之间向中心发展危害，叶子产生褐色小斑点，几乎同时从叶片到叶柄发暗或干枯坏死，这是草莓特有的缺钾症状。草莓缺钾，较老的叶子受害重，较幼的叶子不显示症状。这说明钾素可由较老叶子向幼嫩叶子转移，所以新叶钾素常充足，不表现缺钾症状。光照会加重叶子灼伤，所以缺钾易与“日灼”相混淆。灼伤的叶片其叶柄常发展成浅棕色到暗棕色，有轻度损害，以后逐渐凋萎。缺钾草莓的果实颜色浅，质地柔软，没有味道。根系一般正常，但颜色暗。轻度缺钾可自然恢复。

【发生原因】 一般在黏土地和沙壤土中容易发生缺钾症状；过多施入氮、磷肥，易导致植株缺钾症的发生；土壤中钙、镁元素含量过高，可抑制钾元素的吸收；温度低、光照差的环境条件下，也能降低根系对钾的吸收能力；过度密植等可造成植株缺钾。

【防治方法】

1）施用充足的堆肥或厩肥等有机肥料可减轻缺钾现象。

2）严重缺钾土壤，可通过增施硫酸钾和氯化钾复合肥改善，每亩施硫酸钾6.5kg左右。

3）草莓出现缺钾症状时，可在叶面喷布0.3%磷酸二氢钾2～3次。

9. 缺钙症

钙对果实生理功能起着重要作用。它是细胞膜和液泡膜的黏结剂，可维持细胞的正常分裂，使细胞膜保持稳定。草莓对钙的吸收量仅少于钾和氮，果实中含钙量较高。钙在植物体内流动性很小，不能被再利用。

【表现症状】 缺钙使植株根系停止生长，根毛不能形成，果实储藏寿命缩短，品质降低，并引起一系列生理病害。草莓缺钙最典型的症状是叶焦病、硬果、根尖生长受阻和生长点受害。叶焦病在叶子加速生长期频繁出现，其特征是叶片皱缩（彩图 96），出现皱纹，叶片顶部干枯变成黑色（彩图 97）。干枯部位有浅绿色或浅黄色的界限，叶子褪绿，在病叶叶柄的棕色斑点上还会流出糖浆状水珠，大约在下面花茎 1/3 的距离也会出现类似症状。缺钙多在现蕾期发生，幼嫩小叶（彩图 98）及花萼尖端（彩图 99）呈现黑褐色干枯。缺钙浆果表面有密集的种子覆盖，未膨大的果实上种子可布满整个果面，果实组织变硬、味酸。缺钙草莓的根短粗、色暗，以后呈浅黑色。在较老叶片上的症状表现为叶色由浅绿到黄色，逐渐发生褐变、干枯。

【发生原因】 土壤干燥，土壤盐类含量过高，氮肥、钾肥使用过量，都会阻碍植株对钙的吸收；酸性土壤，或年降水量多的沙质土壤容易发生缺钙现象；不同品种对缺钙敏感性不同。

【防治方法】

1）选用对缺钙不敏感的品种，如日本优良品种发病较少，欧美系品种如甜查理等发病较多。

2）因土壤偏酸性而缺钙时，最好在栽植前向土壤增施石膏，视缺钙程度而确定使用量，一般每亩施用量为 52.5kg。石膏若作为追肥施用时应减少用量。

3）田间出现症状时，叶面喷施 0.3% 氯化钙水溶液，可减轻缺钙现象。

4）应及时浇水，保证水分供应，防止土壤干旱。

10. 缺铁症

铁是许多重要酶的辅基成分，能提高某些酶的活性，并在呼吸作用中起电子传递的作用。铁虽不是叶绿素的组成成分，但与叶绿素的形成密切相关。

【表现症状】 铁在植株体内是不易移动的元素，因此，缺铁首先表现在植株的顶端幼嫩组织，缺铁的最初症状是幼龄叶片黄化或失绿，但这还不能肯定是缺铁，当黄化程度发展并进而变白，发白的叶片组织出现褐色污斑时（彩图100），则可断定为缺铁。草莓中度缺铁时，叶脉（包括小的叶脉）为绿色，叶脉间为黄白色。叶脉转绿复原现象可作为缺铁的特征。严重缺铁的症状是：新成熟的小叶变白，叶子边缘坏死，或者小叶黄化（仅叶脉绿色），叶子边缘和叶脉间变褐坏死。缺铁草莓植株的根系生长弱，严重缺铁时草莓单果重减小、产量降低。

【发生原因】 碱性土壤或酸性强的土壤易缺铁；土壤过干、过湿，影响根的活力，也易出现缺铁现象。

【防治方法】

1）为防止缺铁可在栽植草莓时土施硫酸亚铁或螯合铁，也可在刚出现缺铁症状时追施，每米栽植行施用量为1～2g。或用0.1%～0.5%硫酸亚铁水溶液叶面喷洒。

2）不在盐碱地栽植草莓，若需栽植，土壤pH调节到6～6.5较适宜，这时不应再施用大量的碱性肥料。若土壤为强碱性，可每亩施硫酸粉13～20kg。

3）深耕土壤，适时灌水，保持土壤湿润，并注意雨后及时排水。

11. 缺锌症

锌与叶绿素和生长素的形成密切相关。锌也是某些酶的组成成分，如谷氨酸脱氢酶等。成熟叶子进行光合作用与合成叶绿素都需要有一定的锌。

【表现症状】 轻微缺锌的草莓植株一般不表现症状。缺锌加重时，较老叶片会出现变窄现象，特别是基部叶片，缺锌越重窄叶部分越伸长，但缺锌不发生叶片坏死现象，这是缺锌的特有症状。缺锌植株在叶龄大的叶片上往往出现叶脉和叶子表面组织发红的症状。严重缺锌时新叶黄化，但叶脉仍保持绿色或微红色，叶片边缘有明

显的黄色或浅绿色的锯齿形边（彩图101）。缺锌植株纤维状根多且较长，果实一般发育正常，但结果量少，果个变小。

【发生原因】 在沙质土壤或盐碱地上栽植的草莓易发生缺锌现象；被淋洗的酸性土壤、地下水位高的土壤和土层坚硬、有硬盘层的土壤易缺锌；含磷量高或大量施氮肥使土壤变碱，易缺锌；土壤中有机物和水分含量过少，易缺锌；土壤中铜、镍等元素不平衡也易导致缺锌。

【防治方法】

1）增施有机肥，改良土壤。

2）叶面喷布0.1%的硫酸锌溶液，但要慎用，以免产生药害。

三 草莓病毒病

【为害症状】 草莓病毒病（彩图102）是指由不同病毒侵染草莓后所引起病害的总称，是草莓生产中的主要病害。能侵染草莓的病毒种类很多，迄今已知的有60余种，目前已知草莓生产上造成损失的病毒主要有草莓斑驳病毒、草莓轻型黄边病毒、草莓镶脉病毒、草莓皱缩病毒。病毒具有潜伏侵染的特性，大多病症不显著，植株不能很快表现的，称为隐症。病毒病的常见症状有矮化、花叶、黄化、坏死、畸形等。

1）草莓斑驳病毒。该病毒分布极广，世界上凡有草莓栽培的地方，几乎都可见其危害。草莓斑驳病毒单独侵染草莓时，无明显症状，但与其他病毒复合侵染时，病株严重矮化，叶片变小，产生褪绿斑，叶片皱缩扭曲。

2）草莓轻型黄边病毒。该病毒单独侵染时，仅使草莓植株稍微矮化。而复合侵染时，会引起植株矮化，叶片黄化或失绿，老叶变红，叶缘不规则上卷，叶脉下弯或全叶扭曲，致使整叶枯死，严重影响草莓的光合作用，导致明显减产。

3）草莓镶脉病毒。该病毒单独侵染时无明显症状。复合侵染后叶脉皱缩，叶片扭曲，并沿叶脉形成黄白色或紫色病斑，叶柄也有紫色病斑，植株极度矮化，匍匐茎发生量减少，果实产量和品质下降。

4）草莓皱缩病毒。该病毒属世界性分布，是我国草莓危害最大的病毒。该病毒有致病力强弱不同的许多株系。强株系侵染草莓后使植株矮化，叶片产生不规则的黄色斑点，扭曲变形，匍匐茎数量减少，繁殖率下降，果实变小。该病毒若与斑驳病毒复合侵染时，草莓植株严重矮化。若再与轻型黄边病毒三者复合侵染时，就会导致草莓大幅度减产甚至绝产。

【发病条件】 病毒是不能在病残体上越冬的，只能靠冬季尚还生存、种植的草莓，多年生杂草，草莓种株作寄主存活越冬。第二年在存活的寄主上依靠虫传和接触及伤口传播，或通过嫁接、整枝打杈等农事活动传染。蚜虫或其他具有刺吸式口器的昆虫是主要传播渠道，也能通过菟丝子、土壤线虫的侵害来传播。高温干旱适合病毒病的发生繁殖，有利于蚜虫繁殖与传毒；管理粗放、田间杂草丛生的地块发病严重。另外，引种是远距离传播的重要途径。一般栽培年限越长，感染的病毒种类越多，发病受害程度越重。

【防治方法】

1）严格检疫，加强检查。目前草莓新品种引进较多、较快，除一些科研机构从事引种繁育外，民间个体户、农民企业等从国内外私下引种的现象也较普遍。引种时往往未经隔离检验即大量繁育种苗，致使一些新病毒进入，并快速扩散。因此，必须加强管理，严格执行引种检疫和繁育制度。以控制新病毒的进入与扩散、蔓延。同时，及时彻底消除病源，对栽种面积大、品种杂的草莓种植区域应加强检查，一旦发现有连片病毒病发生的田块，应及时将染毒草莓铲除并销毁，以消除病源，避免传播侵染。

2）实行严格的隔离制度，统一作物布局。连片种植草莓的园，不能有插花园；无病毒苗栽植地周围2000m以内，不能有老草莓园；不与其他感染病毒的茄科作物间作。

3）培育抗病毒品种，选用抗病毒品种。生产中可选用的抗病毒品种有全明星、红颜、达赛莱克特等。草莓新品种多为杂交育成，以杂交种子育苗。种子不带病毒，故育成的苗为无毒苗。所以，不断地以新品种替代多年栽培的老品种，有利于防除病毒病害。另外，运用现代生物技术，培育抗毒草莓新品种，已给草莓病毒病的防除开辟了更加广阔的前景。

4）应用脱毒种苗，增强植株抗病能力。在草莓生产中应大力提倡应用脱毒苗。在引种草莓种苗时，应从技术实力雄厚、信誉度高的脱毒苗木繁育基地引种脱毒草莓种苗。栽培过程中加强土肥水管理，增施有机肥，培育大龄苗和粗壮苗，加强中耕，增强植株抗病能力。

5）及时防治或驱避传毒媒介。蚜虫是传播多种病毒病的重要媒介，在蚜虫发生期，每隔7～10天对所有草莓种植田块及田边、沟边杂草，用10%的吡虫啉2000倍液喷布1次，以消灭蚜虫。栽植前2～3天，用25%阿克泰水分散粒剂1500～2500倍液喷淋幼苗，可防治蚜虫和白粉虱，从而有效防治病毒传播。及时铲除田间及田边杂草；利用银灰膜驱避蚜虫，或设置防蚜黄板诱蚜；加防虫网是设施草莓最有效的阻断传毒媒介的措施。

6）土壤消毒。每亩撒施生石灰50kg，翻耕后在烈日下晒7～10天，然后作畦，并用氯化苦（亩用20kg药液）或绿亨1号等进行土壤消毒。施药后即行畦面覆膜，经高温处理，加之药剂熏蒸，可基本上杀灭病毒、线虫及其他根际病菌与草籽等。

7）加强叶面喷肥，增强长势，提高抗病性。在草莓植株定植成活后，每隔7～10天或结合病虫防治，用绿芬威2号1000倍液加1.8%爱多收6000倍液进行喷施。开花前，改用绿芬威1号1000倍液加1.8%爱多收6000倍液进行喷施。

8）药剂防治。用10%吡虫啉1000倍液，或25%阿克泰水分散粒剂3000～4000倍液，或10%抗虱丁可湿性粉剂1000倍液，或2.5%绿色功夫水剂1500倍液，或1.8%阿维菌素2000倍液，消灭传毒蚜虫，可减轻该病危害。定植早期，采用1.5%植病灵1000倍液，或30%病毒星可湿性粉剂400倍液，或20%病毒A可湿性粉剂500倍液喷施，对病毒病有一定的抑制作用。

四 草莓线虫病

线虫是一种寄生性害虫，对草莓危害极大，因其危害症状似病害，故称为线虫病害。它不仅妨碍草莓正常的生长发育，同时还传播病毒。目前已发现危害草莓的线虫有几十种，主要有草莓芽线虫、草莓根腐线虫、草莓根结线虫和草莓茎线虫四种。

1. 草莓芽线虫

病原线虫为芽线虫。显微镜下芽线虫呈蛔虫状，体长0.6～0.9mm，体宽0.2mm左右。病原线虫芽线虫主要靠受害母株发生的匍匐茎进行传播。受害株发生的匍匐茎上几乎都有线虫，以此传给子株，并随秧苗扩展到更大范围。线虫也靠雨水和灌溉水传播，如果在发病田里进行连作，则土中残留的线虫会危害健康植株。草莓重茬、杂草丛生、低洼、漫灌等环境有利于芽线虫发生。

【为害症状】 芽线虫寄生在草莓心芽周围，侵害草莓生长点和花芽。草莓芽线虫群体数量较少时，为害症状较轻，群体数量增多时危害加重，症状明显。受线虫危害的植株，腋芽的数量明显增多。危害轻的，新叶扭曲畸形，叶色变浓，光泽增加；严重时植株萎蔫矮化，芽和叶柄变成黄色或红褐色，呈莲丛花椰菜状，俗称“红芽病”。为害花芽时，花芽发育退化、畸形、减少，甚至消亡，严重时可导致绝收。

【防治方法】

1）选用无病种苗。要选用不带有虫源的原种苗扩繁种苗，采集匍匐茎苗时注意观察母株是否有线虫危害。从外地引苗时，要注意不引受害苗。无论是繁苗田还是丰产田，发现病株，应立即连同匍匐茎一起拔除烧毁，以防传播。

2）进行轮作倒茬和土壤消毒。利用轮作倒茬和更换客土等措施避免土壤线虫积累。对于重茬多年和已发生多种病虫害的土壤进行土壤消毒。

3）栽前秧苗热处理。在栽植前将秧苗先在35℃水里预热10min，然后放在45～46℃热水中浸泡10min，处理后冷却栽植。

4）药剂防治。栽植前用10%力满库或10%克线丹颗粒剂，每亩用5kg，均匀施入地表5～10cm深处，然后栽苗浇水。缓苗后，用90%敌百虫晶体600倍液灌根2～3次，每次间隔7天。一旦发现病株要及时拔除，用敌百虫施用。进入花期前，停止用药。

2. 草莓根腐线虫病

危害最重、发生最广的病原线虫种是短体线虫属的根腐线虫。根腐线虫的形状为细纺锤形，雌成虫体长0.5～0.9mm；雄虫稍小。

该线虫主要在土壤中，所以草莓连作年限越长，其所造成的危害越重。在保护地栽培中，特别是在沙壤土和连作的保护地栽培条件下容易发生根腐线虫病。

【为害症状】 该线虫寄生在根内，可降低根的吸收功能，导致植株生长发育不良，产量下降。发病初期，在根表产生略带红色的无规则纵长小斑点，而后迅速扩大，融合至整个根部，颜色也从褐色变为黑褐色，随后腐败、脱落。其外部表现是：根系不发达，植株矮小，叶色发黄变小，缺乏生活力，产量低，对土壤干旱的敏感性强。如果土壤或幼苗中有线虫，则一旦定植就危害草莓根系。

【防治方法】

1）选用无线虫危害的草莓苗定植。

2）加强栽培管理。消除线虫病残体及杂草，集中烧毁；土壤中添加有机物，保持土壤肥力，合理灌溉，培育壮苗，增强植株的抵抗力和承受力。

3）轮作换茬或土壤消毒。种2~3年草莓后，再改种3~5年其他作物，但不宜种该线虫可寄生的植物，如瓜类。在日光温室或塑料大棚中防治线虫，可采用太阳能土壤消毒法。

4）药剂防治。整地时每亩用3%米乐尔颗粒剂1.5~2kg撒施于定植畦。定植前用1.8%阿维菌素3000倍液浇灌穴，每穴0.1~0.25kg；或用50%多菌灵可湿性粉剂加10%农用链霉素可湿性粉剂1000倍液和50%辛硫磷乳油800倍液浸洗后，摊开晾干水分后定植。定植成活期用75%百菌清可湿性粉剂500~800倍液或代森锰锌600~800倍液，连喷2次，每隔7~10天喷1次；若有虫害，可加入1.8%阿维菌素乳油3000~4000倍液或50%辛硫磷乳油500~1000倍液。

3. 草莓根结线虫病

病原线虫以北方根结线虫为主。线虫主要以卵和幼虫越冬。随着土壤温度的升高，越冬幼虫与刚孵化的幼虫在土壤中开始活动，当平均地温达到12℃时，幼虫就能从根端侵入，引起薄壁细胞的畸形发育，形成凸起的瘤状虫瘿。线虫在虫瘿内吸食草莓根系汁液，发育生长，经过5龄后变成成虫。成虫交配后，雌虫定居原处继续危害，雄虫离开虫瘿到土壤中，钻入其他虫瘿与雌虫交配。雌虫产卵后死亡，卵在土壤中孵化成幼虫，进行再侵染，条件适宜时25～30天可发生1代，1年可发生数代。

根结线虫在通气良好、质地疏松的沙壤土中发生重，尤其是肥力低的沙质丘陵薄地发生重，黏性土壤发病轻；连作地发生重，轮作地发病轻，水旱轮作可以有效控制病害的发生。土壤含水量占田间最大持水量的20%以下或90%以上都不利于根结线虫的侵入。幼虫侵入的最适土壤含水量为70%。坐地繁殖或用带虫瘿的病株繁殖草莓苗，易导致此病的传播蔓延。

【为害症状】 草莓根结线虫病，从根上部表现的症状来看，果实成熟前，植株明显生长不良，表现为：缺水、缺肥状，生长缓慢，基部叶片变黄，并提前脱落，叶缘焦枯，开花迟，果实生长慢。果实进入成熟期，病株表现出严重干旱似的萎蔫，重者慢慢干枯死亡，轻者病株虽能结果但果实个头小，成熟晚。从根下部来看，受害植株根系有大小不等的根结，剖开病组织可见细小的乳白色线虫埋于其内，受害植株根系侧生营养根增生，根系不发达，整个根系形成乱发似的须根团。

【防治方法】

1）选用抗病品种。不同品种对草莓根结线虫病的抗性表现有差异，抗性比较好的品种有全明星、红颜、甜查理等。

2）选择无病地块。不选用沙性大的土壤作栽植地，有利于控制草莓根结线虫的发生。在栽植草莓时注意选择无根结线虫的苗株和田块，如果植前发现园土中含有病原线虫，要在植前和植后用杀线剂彻底处理。发病重的地块要进行消毒处理，或进行2～3年轮作，期间种植线虫不危害的作物，如花生、大豆、芋头、胡萝卜、番茄等，能有效抑制根结线虫病的发生。

3）土壤消毒处理。移栽前施肥翻地时，亩用巴雅尔（根无线）2～3kg均匀施入土壤中；移栽时，亩用巴雅尔2～3kg与适量细土混匀后穴施，可预防根结线虫，严重地块需加倍（4～6kg）使用。或定植前用1.8%阿维菌素3000倍液浇灌穴，每穴0.1～0.25g，然后定植覆土，防治效果可达60%～80%。

4）定植前秧苗处理。可用50%多菌灵可湿性粉剂加50%辛硫磷乳油800倍液浸洗草莓苗，浸苗60min，待药液晾干后栽植。或者在栽植草莓前，将休眠母株在46～55℃热水中浸泡10min，可有效杀灭线虫。

5）加强栽培管理。草莓生长过程中，一旦发现病株，要及时清除，集中销毁。根据草莓根结线虫分布在耕作层的特点，使用旋耕机深翻改土，可将含病残体的土层深埋，降低病害的传播基数。

6）保护地栽培高温闷棚。时间选在6～8月，要在定植前20～30天完成，气温不能低于15℃。实用的方法：栽种前20天，可将土壤起垄，起垄便于灌水，增加土壤受热面积，垄高20～30cm，宽60～70cm，起垄时将98%的棉隆微粒剂，按每亩地块用药15～20kg施入垄内，然后顺垄灌足水，最后还要仔细地铺上塑料膜，把边缘压实。两周后揭膜，可有效杀灭土壤中的病虫害。揭膜后翻耕透气5～7天，就可以定植了。实践证明，日晒与棉隆相结合的方法对土壤线虫、真菌、细菌、地下害虫及杂草种子等均具有非常高的灭杀效果。

4. 草莓茎线虫病

草莓茎线虫以卵、幼虫和成虫在土壤中和粪肥中越冬。受害种苗是最主要的初侵染来源，在连作的病区，土壤和肥料也是重要的传染源。草莓茎线虫在春天和秋天症状明显，在潮湿阴冷的天气危害最重，一般产量损失可达85%。

【为害症状】 草莓茎线虫寄生于草莓地上部分的所有器官，引起草莓叶柄隆起，叶片扭曲变形，花和果实形成虫瘿，植株矮化。剖开畸形组织，在皮层和薄壁组织中可见到大量线虫。草莓茎线虫可与一些病原菌相互作用形成复合侵染，加重对寄主的危害。

【防治方法】

1）选用抗病品种。

2）加强检疫，严禁病区种苗进入无病区。

3）选用无病地繁苗，严格选用无病种苗。重病区与粮、棉作物进行轮作。

4）药剂防治。定植前将原种苗用35℃温水浸泡10min，再用45℃温水浸泡10min；定植时用90%敌百虫晶体300倍液浸根，缓苗后用90%敌百虫晶体600倍液混配氧化乐果1000倍液灌根3～4次，每次间隔7～10天。对发病田块进行土壤消毒。土壤消毒后要增施腐熟有机肥，补充土壤中有益微生物。

第二节　草莓主要害虫及防治

一　地上主要害虫及防治

1. 蚜虫

【为害识别】　为害草莓的蚜虫主要是棉蚜和桃蚜（彩图103），另外还有草莓根蚜等。棉蚜体绿色，无光泽；桃蚜体绿色、黄绿色、橘红色乃至褐色。蚜虫大多群居于草莓幼叶叶柄、叶背、嫩心、花序和花蕾上活动。蚜虫为刺吸式口器，取食时将口器刺入植物组织内吸食，吸食后使嫩芽萎缩，嫩叶卷缩、扭曲变形，不能正常展叶，造成植株生长衰弱，严重时植株停止生长，甚至全株萎蔫枯死。蚜虫分泌蜜露污染叶片导致煤污病的发生，蚂蚁则以其蜜露为食，故植株附近蚂蚁较多时，说明蚜虫开始为害。蚜虫是一些病毒的传播者，只要吸食过感染病毒的植株，再迁飞到无病毒植株上吸食，即可将病毒传播到另一植株上，使病毒扩散，造成严重危害。

【防治方法】

1）农业防治。尽量避免连作，实行轮作。清除田间杂物和杂草，并及时摘除受害叶片进行深埋，减少虫源。

2）生物防治。保护、利用天敌。蚜虫的主要天敌有七星瓢虫、蚜蝇、草青蛉等，当蚜虫不是很多，而天敌有一定数量时，不要使用农药，以免伤害天敌。

3）物理防治。利用成虫对黄色有较强的趋性，在成虫发生期，可挂置黄板诱捕成虫。黄色黏虫板从苗期和定植期起使用，保持不间断使用可有效控制蚜虫发展，每亩悬挂24cm×30cm黄板20块（图7-2），一般要求黄板下端高于作物顶部20cm为宜。

4）化学防治。在草莓开花前喷药1～2次，药剂可选用25%阿克泰水分散粒剂4000～6000倍液，或1%印楝素水剂800倍液，或48%乐斯本乳油3000倍液，或3%啶虫脒乳油1500～2000倍液，或50%的抗蚜威可湿性粉剂2000～2500倍液，或10%吡虫啉可湿性粉剂1000～2000倍液，或10%氯氰菊酯乳油3000～4000倍液，10%多来宝悬浮剂1000～2000倍液等。一般采果前15天停止用药。各种药剂应交替使用，避免单一用药，以免产生抗药性。

图7-2　悬挂黄板

2. 螨类

【为害识别】　螨类为害草莓的叶、茎、花等，刺吸草莓的茎叶，初期叶正面有大量针尖大小失绿的黄褐色小点，后期叶片从下往上大量失绿、卷缩、脱落。有时从植株中部叶片开始发生，叶片逐渐变黄。部分螨类喜群集叶背主脉附近并吐丝结网，于网下为害（彩图104），有吐丝下垂借风力扩散传播的习性，严重时叶片枯焦脱落，植株如火烧状，矮化（彩图105）。为害草莓的螨类有多种，其中以二斑叶螨和朱砂叶螨为害最为严重。二斑叶螨成螨污白色，体背两侧各有1个明显的深褐色斑，幼螨和若螨也为污白色，越冬型成螨体色变为浅橘黄色。朱砂叶螨成螨为深红色或锈红色，体背两侧也各有1个黑斑。

【防治方法】

1）综合防治。要注意减少化学农药用量，防止杀伤叶螨的天敌；有条件的可释放捕食螨、草蛉等天敌，注意选择抗药性天敌；当叶螨在田间普遍发生，天敌不能有效控制时，应选用对天敌杀伤力小的杀螨剂进行普治。

2）化学防治。当发现二斑叶螨时，及时防治，在早春数量少、气温较低时，宜选择不受气温影响的卵、螨兼治型持效期较长的杀螨剂，如 20% 哒螨灵可湿性粉剂、5% 噻螨酮乳油 1500 倍液，或 20% 螨死净可湿性粉剂 2000 倍液，这种药剂持效期长，但不杀成螨，可使着药的成螨产的卵不孵化。当二斑叶螨数量多时，可使用的药剂有 1.8% 阿维菌素乳油 6000 ~ 8000 倍液，或 15% 哒螨灵乳油 3000 倍液，或 20% 三唑锡悬浮剂 1000 倍液，或 73% 克螨特乳油 2000 ~ 3000 倍液，阿维菌素速效性好，但持效期较短，一般在喷药后 2 周需再喷 1 次。采果前半个月停止用药，并注意经常更换农药品种防止产生抗药性。在温室草莓现蕾或开花后，发现螨类，可用 30% 虫螨净烟熏剂进行熏蒸防治。

3. 金龟子

【为害识别】 为害草莓的金龟子种类很多，常见的主要有苹毛丽金龟（彩图 106）、小青花金龟（彩图 107）、黑绒金龟（彩图 108）等。在草莓上主要是在春季为害嫩叶、嫩芽、花蕾和花器。苹毛丽金龟成虫体型小，卵圆形，背腹面较扁平，雄虫体长 9.2 ~ 10.6mm，雌虫体长 9.3 ~ 12.5mm；头、胸背面黑褐色，全体浅棕黄色，有绿色和紫色光泽，前胸背板、小盾片绿色带有紫色闪光。小青花金龟成虫体型中等，体长 13mm 左右，宽 6 ~ 9mm，长椭圆形、稍扁，背面暗绿色或绿色至古铜微红及黑褐色，变化大，多为绿色或暗绿色，常有青、紫等色闪光。黑绒金龟成虫小型，体长 6 ~ 9mm、宽 5 ~ 6mm，近卵圆形，初为棕褐色，后为黑褐色至黑色。被黑褐色至黑色短绒毛，体表有丝绒状闪光。

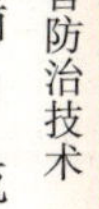

【防治方法】

1）农业防治。保护利用土蜂、胡蜂、步行虫、白僵菌、青蛙等金龟子天敌。

2）物理防治。通过成虫具有较强的趋光性，喜食嫩芽、嫩叶和假死性，可利用杨、柳、榆嫩芽枝条蘸上 80% 敌百虫 100 倍液分插草莓田诱杀、利用黑光灯诱杀、人工捕杀。

3）化学防治。可选用 50% 辛硫磷乳油 1000 倍液，或 25% 喹硫磷乳油 1000 倍液，或 50% 敌敌畏乳剂 1000 倍液，或 80% 敌百虫 800 倍液喷雾或灌杀；利用成虫入土习性，可在草莓植株周围撒施 5% 辛硫磷颗粒剂灭杀。

4. 蝽类

为害草莓的有多种蝽类，常见的有茶翅蝽（彩图109）、麻皮蝽（彩图110）、苜蓿盲蝽等，蝽类昆虫有臭腺孔，能分泌臭液，在空气中能形成臭气，所以又有臭板虫、臭大姐及放屁虫等俗名。

【为害识别】 蝽类多以针状口器刺吸草莓叶、叶柄、花蕾、花及果实汁液，造成死蕾、死花，果实生长局部受阻引起畸形果或腐烂。茶翅蝽成虫体长12~16mm，茶褐色或黄褐色，有黑色点刻，前胸背板前缘有4个黄褐色小斑点。麻皮蝽成虫体长18~24mm，体稍宽大，密布黑色点刻，背部棕黑褐色，头两侧有黄白色的脊边。苜蓿盲蝽成虫体长7.5mm，黄褐色，触角比身体略长，前胸背板后缘有两个黑色圆点，小盾片上有“Ⅱ”型黑纹。

【防治方法】

1）农业防治。成虫越冬期进行人工捕捉，或清除枯枝落叶和杂草，集中烧毁，可消灭越冬成虫；结合田间管理，摘除卵块和捕杀初孵群集若虫，并注意在其他危害较重的寄主上同时防治。

2）化学防治。在越冬成虫出蛰结束和低龄若虫期喷80%敌百虫可溶性粉剂1000倍液，或50%辛硫磷乳油1000倍液，或2.5%敌杀死乳油、或2.5%功夫乳油、20%灭扫利乳油3000倍液等，均有较好的防效。

5. 大造桥虫

【为害症状】 在草莓上主要食害叶片（彩图111），初孵幼虫剥食正面叶肉，2龄后即吃成缺刻和孔洞，中老龄幼虫可将全叶吃光，严重时仅剩主脉，也可食害花蕾、花和幼果。

【防治方法】

1）农业防治。保护利用天敌，天敌有悬茧姬蜂、蜘蛛、寄生蝇、食虫蝽、鸟类等；实行冬耕灭蛹，减少越冬虫源。

2）物理防治。用黑光灯或高压汞灯诱杀成虫。

3）化学防治。选用90%敌百虫晶体1000倍液，或80%敌敌畏乳油1200倍液，或50%辛硫磷乳油1000~1500倍液，或50%杀螟松乳油1000倍液，或25%亚胺硫磷乳油3000倍液，或20%杀灭菊酯乳油 1000～2000 倍液喷雾防治。

6. 小家蚁

【为害识别】 小家蚁主要取食草莓成熟的浆果，起初取食形成较小洞眼，随取食量的增加成为大洞坑，最后全果食光（彩图 112）。

【防治方法】

1）农业防治。与水稻轮作，适时灌水，可抑制蚁害；适时早采成熟浆果，可明显减轻蚁害。

2）化学防治。发现蚂蚁为害后，定期投放蚂蚁饵进行诱杀，如灭蚁清药粉分成 3～4 份放置在蚂蚁经过的地方，蚂蚁吃后 2～3 天，就会互相传染以致全巢死亡，每包 5g，每克可放 4～5m^2，蚂蚁多时酌情多放一些。每小包可消灭 1～2 个蚁巢；或用 40% 乐果乳油 400 倍液或 50% 辛硫磷 1000 倍液，灌蚁穴。

7. 蛞蝓

蛞蝓主要有野蛞蝓、黄蛞蝓和网纹蛞蝓。

【为害识别】 蛞蝓为陆生软体动物，像没有壳的蜗牛，常在农田、菜窖、温室、草丛及住室附近的下水道等阴暗潮湿多腐殖质的地方生活。成虫伸直时体长 20～60mm，宽 4～6mm；长梭形，柔软、光滑而无外壳，体表暗黑色、暗灰色、黄白色或灰红色。保护地草莓栽培，由于温湿度适宜，利于该虫生存并大量繁殖。一般白天潜伏，晚上咬食草莓的幼芽、花蕾、花梗、嫩叶和果实等部位。咬食草莓果实后，常造成果实上有孔洞，影响商品价值。蛞蝓（彩图 113）能分泌一种黏液，干后呈银白色，因此凡被该虫爬过的果实，即使未被咬食，但果面留有黏液，也会令人厌恶，商品价值也大大降低。

【防治方法】

1）农业防治。清除地边、田间及周边的杂草、石块和杂物等可供蛞蝓栖息的场所；排干积水，耕翻晒地，降低土壤湿度，防止过度潮湿，恶化蛞蝓的栖息场所；制造不利于蛞蝓发生的栽培条件；除草松土，使部分卵块暴露于日光下晒裂或被天敌啄食。

2）物理防治。利用其在浇水后、雨后、清晨、晚间、阴天爬出取食活动的习性，人工捕捉；堆草诱杀，人工捕捉，即收割绿肥后，可每隔130～170cm，放置绿肥一小堆，每日清晨翻开绿肥堆，即可捉到大量蛞蝓，也可于傍晚撒菜叶作诱饵，第二天清晨揭开菜叶捕杀；苗床或草莓行间于傍晚撒石灰或在危害区地面撒草木灰，阻止蛞蝓到畦面为害叶片，这样蛞蝓爬过后黏有石灰或草木灰就会失水而死亡。

3）化学防治。可用40%蛞蝓敌浓水剂100倍液，或10%硫特普加等量50%辛硫磷兑成500倍液喷洒，或用灭蛭灵800～1000倍液等药剂喷雾，或6%密达颗粒剂防治。

8. 蜗牛

【为害识别】 体外贝壳中等大小，壳质厚，坚实，呈扁球形螺壳。壳高12.0mm、宽16.0mm，有5～6个螺层，顶部几个螺层增长缓慢，略膨胀，螺旋部低矮，体螺层增长迅速、膨大。壳顶钝，缝合线深。壳面呈黄褐色或红褐色，有稠密而细致的生长线。同型巴蜗牛分布广泛，以成体、幼体取食植物叶茎为害，造成孔洞或缺刻（彩图114）。苗床种子萌发期和子叶期受害，造成毁种缺苗。

【防治方法】

1）农业防治。草莓田覆盖地膜，可明显减轻蜗牛为害；清洁田园，及时铲除田间、圩埂、沟边杂草，开沟降湿，中耕翻土，以恶化蜗牛生长、繁殖的环境。

2）物理防治。消灭成蜗，春末夏初，尤其在5～6月蜗牛繁殖高峰期之前，及时消灭成蜗。一是放养鸡鸭取食成蜗，注意需要在未用农药时进行；二是人工拾蜗，田间作业时见蜗拾蜗，或以杂草、树叶、菜等诱集后拾除，或人工专门拾蜗，这样可以起到事半功倍的灭蜗效果；每亩用生石灰5～7kg，于为害期撒施于沟边、地头或草莓行间，以驱避虫体，以防为害幼苗。

3）化学防治。用多聚甲醛300g，蔗糖50g，5%砷酸钙300g和米糠400g（先在锅内炒香），拌和成黄豆大小的颗粒；每亩用6%密达杀螺粒剂0.5～0.6kg或3%灭蜗灵颗粒剂1.5～3.0kg，拌干细土10～15kg，均匀撒施于田间。蜗牛喜欢栖息的沟边、湿地适当重施，以最大限度减轻蜗牛危害。

二 地下主要害虫及防治

1. 蝼蛄

蝼蛄是一种重要的地下害虫，在我国主要有非洲蝼蛄和华北蝼蛄。

【为害识别】 蝼蛄食性很杂，以成虫（彩图115）、若虫（彩图116）咬断草莓幼根和嫩茎为害，造成死秧缺苗，咬断的部分呈乱麻状。由于蝼蛄的活动将表土层窜成许多隧道，使苗根脱离土壤，致使幼苗因失水而枯死，严重时造成缺苗断垄。在温室，由于气温高，蝼蛄活动早，加之幼苗集中，受害更重。

【防治方法】

1）农业防治。施用充分腐熟的粪肥，减少产卵，可减轻为害；堆马粪堆诱杀，于蝼蛄发生期，在田间堆新鲜马粪堆，并在堆内放少量农药，招引蝼蛄，并将其杀死。

2）物理防治。灯光诱杀，蝼蛄为害期，在田边或村屯利用电灯、黑光灯诱杀成虫，减少田间虫口密度。

3）化学防治。

① 施毒饵。用50%乐果乳油或90%晶体敌百虫，拌碾碎并炒香的豆饼，每亩用药0.1kg，加适量水，拌饵料2.0～2.5kg，于傍晚施于苗穴中。也可用50%乐果乳油0.1kg，兑水5kg，拌麦麸30.0～50.0kg，撒于田间，防治效果也很理想。

② 施毒土。可用25%地虫灵微胶囊悬浮剂拌毒土，药、水、土的比例为1∶15∶150，每亩施毒土15kg，于成虫盛发期顺垄撒施；也可用50%辛硫磷乳油，每亩用药0.1kg，加少量水，拌土15～20kg，施于田间。

2. 蛴螬

蛴螬（彩图117）是金龟子的幼虫，俗称地蚕，成虫通称为金龟甲或金龟子。我国为害草莓的主要有华北大黑鳃金龟、暗黑鳃金龟等多种金龟甲的幼虫。

【为害识别】 金龟子成虫和幼虫均可为害草莓。成虫主要为害草莓叶片，一般发生较轻，幼虫（蛴螬）在地下取食根茎（彩

图118)，轻者损伤根系，使生长衰弱，严重的引起植株枯死。

【防治方法】

1）农业防治。选好前茬，不选马铃薯、甘薯、花生、韭菜等前茬栽植草莓，这些地块蛴螬危害严重；秋翻灭虫，对第二年计划栽培草莓的地块，结合秋施肥进行秋深翻，对翻出的蛴螬，人工捡拾；不施用未腐熟的有机肥；合理灌水，对计划栽草莓的地块进行秋灌，可有效减少土壤中蛴螬的发生数量。

2）物理防治。可设置黑光灯诱杀成虫，减少蛴螬的发生数量。

3）生物防治。利用茶色食虫虻、金龟子黑土蜂、白僵菌等进行生物防治。

4）化学防治。用5%辛硫磷颗粒剂，每亩用药2.5～3.0kg，拌细土25.0～30.0kg制成毒土，顺垄撒施，浅锄覆土，对蛴螬、金针虫和蝼蛄等地下害虫，有较好防效。或用40%乐果乳油800倍液、25%增效喹硫磷乳油1000倍液、97%敌百虫可溶性粉剂1000倍液、50%辛硫磷乳油1500倍液灌根，毒杀幼虫。

3. 地老虎

【为害识别】 我国常见的有小地老虎、黄地老虎和大地老虎。其中以小地老虎和黄地老虎分布最为普遍。主要以幼虫为害草莓近地面茎顶端的嫩心、嫩叶柄、幼叶及幼嫩花序和成熟浆果（彩图119)，受害叶片呈半透明的白斑或小孔，3龄以后幼虫白天潜伏在表土中，傍晚和夜间出来危害，常咬断根状茎，使整株萎蔫死亡，或食叶片和果实，将果实食空。早晨检查，扒开受害株附近的土壤，可找到其幼虫。3龄以上幼虫体态肥大，光滑，暗灰色，带有条纹或斑纹。

【防治方法】

1）农业防治。秋耕冬灌，栽苗前认真翻地、整地。杂草是地老虎产卵的场所，也是幼虫向作物转移危害的桥梁。因此，春耕前进行精耕细作，或在初龄幼虫期铲除杂草，可消灭部分虫、卵。

2）物理防治。用糖、醋、酒诱杀液或甘薯、胡萝卜等发酵液诱杀成虫；用泡桐叶或莴苣叶诱捕幼虫，于每日清晨到田间捕捉；对高龄幼虫也可在清晨到田间检查，如果发现有断苗，扒开附近的土块，进行捕杀。

3）化学防治。对不同龄期的幼虫，应采用不同的施药方法。幼虫3龄前用喷雾，喷粉或撒毒土进行防治；3龄后，田间出现断苗，可用毒饵或毒草诱杀。

① 喷雾防治：每公顷可选用50%辛硫磷乳油750mL，或2.5%溴氰菊酯乳油、40%氯氰菊酯乳油300~450mL，或90%敌百虫晶体750g，兑水750L喷雾。喷药适期应在幼虫3龄盛发前。毒土或毒沙：选用2.5%溴氰菊酯乳油90~100mL，或50%辛硫磷乳油500mL加水适量，喷拌细土50kg配成毒土，每公顷用300~375kg顺垄撒施于幼苗根际附近。

② 毒饵或毒草：一般虫龄较大时可采用毒饵诱杀。可选用90%敌百虫晶体0.5kg或50%辛硫磷乳油500mL，加水2.5~5L，喷在50kg碾碎炒香的棉籽饼、豆饼或麦麸上，于傍晚在受害草莓行间每隔一定距离撒一小堆，或在草莓根际附近围施，每公顷用75kg。毒草可用90%敌百虫晶体0.5kg，拌铡碎的鲜草75~100kg，每公顷用225~300kg。

4. 金针虫

为害草莓的金针虫主要有沟金针虫和细胸金针虫。

【为害识别】 在草莓生长期，金针虫先潜伏在草莓穴的有机肥内，后钻入草莓苗根部或根颈部近地表蛀食，使草莓苗地上部分萎蔫死亡，一般受害植株主根很少被咬断，受害部位不整齐，呈丝状，这是金针虫危害后造成的显著特征之一。果实成熟期，金针虫还能蛀入果实造成伤口（彩图120），有利于病原菌的侵入而引起腐烂。

【防治方法】

1）农业防治。合理轮作、做好翻耕曝晒，减少越冬虫源；加强田间管理，清除田间杂草，减少食物来源。

2）物理防治。采用灯光诱杀，利用金针虫的趋光性，在开始盛发和盛发期间在田间地头设置黑光灯，诱杀成虫，减少田间产卵量。

3）生物防治。在田间堆积10~15cm的新鲜但略萎蔫的杂草，堆草引诱成虫，诱捕后喷施50%乐果1000倍液等药剂进行毒杀。

4）化学防治。结合翻耕整地用药剂处理土壤，用50%辛硫磷乳

油75mL拌细土2～3kg撒施，施药后浅锄；或用90%敌百虫800倍液浇灌植株周围土壤进行防治。或定植时每亩用5%辛硫磷颗粒剂1.5～2.0kg拌细干土100kg撒施在定植沟（穴）中，然后定植。也可用50%辛硫磷乳油1000倍液，或50%杀螟硫磷乳油800倍液，或50%丙溴磷乳油1000倍液，或25%亚胺硫磷乳油800倍液，或48%乐斯本乳油1000～2000倍液等药剂灌根防治。

第三节　草莓草害及防治

草莓植株低矮，栽植密度大，匍匐茎四处伸长，除草困难，畦内除草有时只能用手锄或人工拔草。草莓园基肥施用量大，特别是施用牛粪等厩肥带有大量草籽，再加上灌水频繁，所以杂草发生量特大。草害可使草莓产量损失15%以上，同时杂草丛生还是病菌和害虫滋生的场所。北方草莓园全年除草用工每公顷高达450个以上。目前草莓园大多仍依赖人工除草，不仅工效低，而且劳动强度大。除治杂草为害已成为草莓生产上的重要问题，特别是多年一栽制草莓园问题更加严重。由于各地条件不同，除草方法不能采用一个模式，要因地制宜，以除草剂为主，采取综合防治措施。

图7-3　人工除草

1. 人工除草（图7-3）

露地草莓生产中，人工除草必不可少，经常进行可以保持草莓园清洁。除草与中耕松土、保墒同时进行。草莓年生长周期中，有三个时期应进行松土除草。一是栽植后至越冬前，草莓定植后及时除草保墒有利于缓苗和植株的健壮生长以及后期的花芽分化。二是第二年春草莓开始生长至果实成熟前，以保墒和提高地温为目的进行中耕松土或施肥灌水后浅耕锄地，对草莓的产量和质量至关重要。三是草莓采果后，这一时期气温已升高，草莓和杂草都进入旺盛生长期，是防治杂草的关键时期，及时除草以防草荒。

2. 耕翻土壤（图 7-4）

在草莓定植前，进行土壤耕翻，可以有效控制杂草产生，耕翻后可以利用太阳光将露在地表的杂草晒死，使翻入土壤中的杂草因不见光而烂掉。

3. 覆膜压草（图 7-5）

栽植草莓时地面用黑色地膜覆盖，由于膜下不见光，杂草便不能生长，在高温多湿地区更适宜。灌水时可掀起地膜的一面，或在垄沟灌水，通过旁渗湿润土壤，这样高垄土壤不至于板结，更有利于草莓的生长。草莓植株地上部分应从黑色地膜割小口提到膜面上面。植株周围要用土把地膜口压严，并应注意保护膜面干净，不破损。

图 7-4 耕翻土壤除草

图 7-5 覆盖黑地膜防草

4. 轮作换茬

通过稻莓、麦莓、菜莓倒茬等方式进行轮作，这是防治杂草的有效措施，可通过水旱等栽培方式改变杂草群落，控制难以防治的杂草产生。同时也可有效地减轻一部分病虫危害。

5. 药剂除草

除草剂除草具有高效、迅速、成本低、省工等优点。国外在草莓园大量施用除草剂，如草乃敌、环草定、枯草隆、敌草索等。据唐梁楠等资料介绍，中国农业科学院果树研究所对草莓园用除草剂除草的试验，获得了较好的效果。

（1）除草剂的品种 根据防治杂草的对象选择适宜的除草剂。考虑药源、价格、安全性以及对后茬作物和邻近作物影响等因素。

土壤处理除草剂用48%氟乐灵乳油，以除治正萌发的许多一年生禾本科和阔叶杂草种子，如防除马唐、牛筋草、狗尾草、稗草、猪毛菜、狗牙根等杂草。还可用50%大惠利（草萘胺）可湿性粉剂对稗草、马唐、牛筋草、野燕麦、看麦娘、狗尾草、马齿苋、刺苋、藜、繁缕、龙葵等一年生单、双子叶杂草有很好的防除效果，残效期60天。茎叶处理除草剂用24%达克尔，能杀死反枝苋、马齿苋、龙葵、黄花蒿、灰菜等草莓园常见阔叶草。防除田旋花、铁苋菜、鸭跖草、苘麻、刺儿菜等阔叶草可用25%虎威水剂。防治禾本科杂草用12.5%盖草能乳油或35%稳杀得。上述除草剂对草莓都安全。

（2）施药技术

1）移栽前后土壤处理。每公顷可用48%氟乐灵乳油2200～2500mL，兑水750kg定向喷洒土壤，喷后混土，以防光解；还可用50%大惠利1500～3000mL/公顷，在开花前施用。注意这些药剂不能在开花到果实采收结束前施用。

2）茎叶处理。茎叶处理剂可有效防除禾本科杂草及阔叶杂草，使用时期为杂草出齐苗后。

防除禾本科杂草的草莓地可选用的药剂有15%精稳杀得670mL/公顷、10.8%高效盖草能乳油450mL/公顷、5%精禾草克乳油750mL/公顷等。在气温低、土壤墒情差时施药，除草效果不好；在气温高、土壤墒情好、杂草生长旺盛时施药，除草效果好。

草莓地防除阔叶杂草须慎重，要针对草莓的生长发育时期，选用不同除草剂，并调整除草剂用量。草莓栽后到越冬前，可用24%克阔乐300mL/公顷兑水450kg均匀喷雾，能有效防除马齿苋、反枝苋、灰绿藜等阔叶杂草；草莓采后田间的阔叶杂草，可用24%克阔乐375mL/公顷兑水450kg喷雾。当禾本科杂草与阔叶杂草混生时，克阔乐和精稳杀得要错开施用，二者避免混用，否则会产生药害。

（3）施用除草剂要防止药害 除草剂种类繁多，在施用过程中，如果品种选择不当，施用剂量不合适或重复喷药，或使用不当，都会产生药害。例如，草莓园施用西马津、阿特拉津等三氮苯类除草剂能引起草莓药害，药害主要表现为：草莓叶片黄化、上卷，叶片呈灼烧状枯萎。部分除草剂引起药害后使草莓成龄叶片黑绿，并出现黑褐色点或片，叶片变得干、硬、脆，幼叶尖部黑褐失绿，严重影响生长发育。草莓与其他作物间、套、轮作时，施用的除草剂必须对间作物和后茬作物无害。大惠利是草莓适宜的土壤处理剂，它对葫芦科、十字花科、茄科以及豆类、葱蒜类等作物都很安全，但禾本科的水稻、小麦、玉米及菠菜、莴苣等则对其敏感，故草莓与这些作物间、套、轮作时不宜施用。为了保护栽培植物不受除草剂的伤害，通常采用吸附物质，如先在草莓根部裹一层活性炭，然后再栽种到已施过除草剂的土壤中，或者草莓栽植后不久，在出芽前，先在草莓行带上施活性炭，再施用土壤除草剂。施用充分腐熟的农家肥也有类似效果。

第八章 草莓的采收、包装运输、销售与加工

第一节 草莓的采收

草莓采收是生产中的最后一个环节，也是影响草莓产品销售及储藏的关键环节。草莓果实柔软多汁，不耐储运，采收、运输过程中极易损伤和腐烂，所以一般多随采随销。

一 采收标准

草莓果实柔软多汁，不耐储运，如过熟采收，易变色、变质而失去商品价值；如成熟度不够采收，果实色泽、风味、内含物质积累均达不到应有要求，难以达到品种的固有品质，从而商品性差。草莓从开花至果实成熟需要一定的天数，露地栽培条件下，果实发育天数一般为30天左右，早、中、晚熟品种有一定的差异；保护地栽培条件下果实发育的天数与棚室内的温度和光照有关，温度高、光照好，果实成熟快，反之成熟慢。确定草莓成熟度的重要指标是果面着色程度。草莓在成熟过程中果面由最初的绿色，逐渐变为白色，最后成为红色至浓红色，着色面积由小变大，果实具有光泽。确定适宜的采收期要根据品种、用途和销售市场的远近等条件综合考虑。一般以果面着色达到70%以上时开始采收，作为鲜食用的品种以八成熟采收为宜，但硬肉型品种如新明星、哈尼等，以果面接近全红时采收才能达到该品种应有的品质和风味，也并不影响储运。供加工果酱、果汁饮料、果冻的，要求果实全熟时采收，以提高果实的含糖量和香味。供加工罐头用的，要求果实大小一致，果面着色70%～80%时采收较为适宜。远距离销售时，以七八成熟时采收为宜，就近销售或用作现采现吃的宜在全熟时采收，但也不宜过熟。

二 采收前需注意的事项

采前影响果实质量的主要因素有品种、种植地点、种苗质量、营养状况、杀菌剂和杀虫剂的使用情况等。不同品种的储藏期和货架期差异很大。储藏期指在0℃条件下，鲜果保持可供销售品质的时间段，一般为7～10天；货架期是指在常温（路边或超市）下，鲜果保持可供销售品质的时间段，一般为1～2天。

对于自采草莓园，选择品质优良、风味浓郁的品种是首要考虑的因素，其次是处理方式和储藏方式。此外，鲜果的硬度和未成熟前形成诱人的颜色也是重要的参考因素。最佳的种植地点可以提供最佳的生长环境，如通风良好的场地，植株之间通风透光好，可以保证植株健康生长、提高鲜果质量，适宜的定植密度会降低果实病害的发生概率。雨水和露水会增加感染真菌病害的可能性，但如果通风良好，这些湿气很快会被蒸发掉。适宜的灌溉形式也可降低因水分盈余引发果实腐烂的概率，这需要尽量提早灌溉时间，这样傍晚植株周围的含水量就不会太高。

充足的营养也是保持较长储藏期的重要因素，植株的营养充足，收获果实的储藏期也相对较长。需要注意的是，适量的钾和钙是必需的，而氮的量不需要太高，过量的氮会使果实变软、易感灰霉病。采前喷施钙肥可以增加果实硬度，延长储藏期。

开花期和落花期使用杀菌剂可以显著减少灰霉果的数量。灰霉病菌很容易侵染衰老的花瓣，并通过花瓣侵染到发育的果实，受侵染的果实直到采收时才会表现出症状。因此，在落花期及时喷施杀菌剂是必要的，此外在潮湿的天气时也要及时喷施杀菌剂。

虽然一些昆虫只会造成小的机械伤害，但这些小的伤口都会是病菌侵染的入口。某些昆虫可以在果实间传播细菌或真菌病害。如果使用杀虫剂来控制害虫，切忌在采收前几天使用。

三 采收时间和方法

草莓采收前要做好采收、包装准备。一般选用高度约10cm的塑料筐作为草莓采收的容器。草莓是陆续开花、陆续结果，成熟期不

一致。露地栽培采收一般可持续20～40天，温室栽培采收期可长达半年，同一果穗中各级序果成熟期也不同，必须分期采收。果实刚开始成熟时数量较少，每隔1～2天采1次即可，采果盛期每天采收1次。具体采收时间最好在早晨露水已干至上午11点之前或傍晚温度较低时进行，因为这段时间气温相对较低，果实温度也相对较低，有利于果实存放。中午前后气温较高，果实硬度较小，果梗变软，不但采摘费工，而且易碰破果皮，果实不易保存，易腐烂变质。草莓果实皮薄，果肉柔软、多汁，采收时必须轻摘轻放，切勿用手握住果实使劲往下拉，应用大拇指和食指轻轻掐住草莓果的中下部，然后用指甲把果柄切断，将果实按大小分级，轻轻摆放于容器内。不能硬采、硬揪，以免碰伤果实。对病虫果、畸形果和碰伤果应单独装箱，不可混装。草莓果实不耐压，故采收所用的容器要浅，底要平，内壁要光滑，内部要垫软的垫衬物，采收时为防止挤压，不宜将果实叠放超过3层，采收容器不能装得过满。国外一些国家采用坐在小车上（图8-1）的方式进行采摘，这样可以避免因长时间蹲着或猫腰采摘对身体造成伤害。

图8-1　坐在小车上进行采摘

四　采后需要考虑的事项

时间和耐心是获得好收成的前提保障，但鲜果变质是不可避免的，变质是呼吸作用导致的，所有的有机体都有呼吸作用，这是物质转化为能量的过程。在这个复杂的过程中，淀粉和糖首先转化为有机酸，然后转化成简单的含碳化合物，此过程需要利用空气中的氧气，同时会释放二氧化碳和热量。

果实的呼吸作用会使糖度下降，呼吸速率或变质速度可以通过单位果实重量产生二氧化碳的量来推算（表8-1）。由表8-1可以看出降低呼吸速率的方法是降低储藏室的温度、提高二氧化碳含量、降低氧气含量。

表 8-1　草莓果实在不同温度下的呼吸速率

温度/℃	0	5	10	15	20
呼吸速率/[mg/(kg·h)]	15	28	52	83	127

采后预冷是维持草莓品质的一种重要手段，每下降 10℃，呼吸速率就会降低 50% 左右（表 8-1）。在温度为 25℃、相对湿度为 30% 时，鲜果的失水速度是温度为 0℃、相对湿度为 90% 时的 35 倍。迅速预冷并保持适宜的温、湿度是至关重要的。

五 果实分级

1. 果实的基本要求

完好；无腐烂和变质果实；洁净，无可见异物；外观新鲜；无严重机械损伤；无害虫和虫伤；具萼片，萼片和果梗新鲜、绿色；无异常外部水分；无异味；充分发育，成熟度满足运输和采后处理要求。

2. 草莓感官品质指标分级标准

在符合果实基本要求的前提下，草莓果实分为特级、一级和二级三个等级，见表 8-2。

表 8-2　草莓感官品质指标

特　级	一　级	二　级
优质，具有本品种的特征，外观光亮，无泥土。除不影响产品整体外观、品质、保鲜及其在包装中摆放的非常轻微的表面缺陷外，不应有其他缺陷	品质良好，具有本品种的色泽和果型特征，无泥土。允许有不影响产品整体外观、品质、保鲜及其在包装中摆放的下列轻微缺陷： • 不明显的果型缺陷（但无肿胀和畸形）； • 未着色面积不超过果面的 1/10； • 轻微的表面压痕	本等级包括不满足特级和一级要求，但满足基本要求的草莓。在保持品质、保鲜和摆放方面基本特征前提下，允许下列缺陷： • 果型缺陷； • 未着色面积不超过果面的 1/5； • 不会蔓延的、干的轻微擦伤； • 轻微的泥土痕迹

注：本表数据摘自中华人民共和国农业行业标准 NY/T 1789—2009。

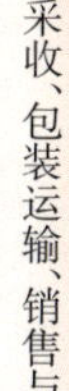

3. 草莓大小规格分级标准

草莓分为大、中、小三个规格，见表8-3。

表8-3 草莓规格分级 （单位：g）

规格		大	中	小
大型果	单果重	>25	20～25	≥15
	同一包装中单果重差异	≤5	≤4	≤3
中型果	单果重	>20	15～20	≥10
	同一包装中单果重差异	≤4	≤3	≤2
小型果	单果重	>15	10～15	≥5
	同一包装中单果重差异	≤3	≤2	≤1

注：本表数据摘自中华人民共和国农业行业标准NY/T 1789—2009。

第二节 草莓的包装运输

一 草莓的包装

1. 包装的作用

草莓包装是标准化、商品化、保证安全运输和储藏的重要措施。对草莓进行合理的包装，才能在运输途中保持良好的状态，减少因相互碰撞、挤压而造成的机械损伤，减少水分蒸发，避免腐烂变质。包装可以使果实在流通中保持良好的稳定性，为市场交易提供标准的规格单位，免去销售过程的产品过秤，便于流通过程中的标准化。所以，适宜的包装对提高商品质量和信誉度是十分有益的。发达国家为了增强商品的竞争力，特别重视产品的包装质量。

2. 包装的种类和规格

草莓的包装容器应具备保护性、通透性、防潮性、清洁、无污染、无有害化学物质。另外，需保持容器内壁光滑，容器还应符合食品卫生要求，美观、重量轻、成本低、易于回收。包装外应注明产品名称、等级、净重、产地、生产单位及无公害食品（或绿色食品、有机食品）标志等。标志上的字迹应清晰、完整、准确。

草莓果实的包装分为外包装和内包装两种。内包装采用复合食品卫生要求的透明小包装盒（图8-2）、小纸盒（图8-3）、泡沫塑料盒（图8-4）等。外包装采用纸箱或塑料周转箱，外包装应坚固耐用、清洁卫生、干燥、无异味。一般每个外包装箱装4～6小盒草莓，也可根据市场需求自行确定。为防止果实在运输过程中受振荡和相互碰撞，可以在内包装底部放海绵（图8-3）、无纺布（图8-5）等衬垫物。

图8-2　透明小包装

图8-3　小纸盒内衬海绵

图8-4　泡沫塑料盒

图8-5　盒内垫一层无纺布

3. 草莓的预冷

预冷是将采收的新鲜草莓在运输、储藏或加工以前迅速除去田间热，将果实温度降低到适宜温度的过程。预冷可以减少果实的腐烂，最大限度保持果实的新鲜度和品质。草莓果实采收以后，高温对保持品质是十分有害的，特别是露地草莓收货时正值夏季，高温对果实危害更大。所以，果实采收后在储藏运输前必须尽快除去田间热。预冷措施必须在产地采后立即进行，这样才能保持果实的新

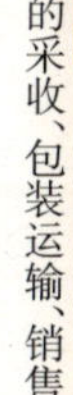

鲜度和品质。

预冷方式有多种，一般分为自然遇冷和人工预冷。人工预冷中有冰接触预冷、风冷、水冷和真空预冷等方式。生产中以自然降温冷却和冷库空气冷却应用较多。无论采用哪种方式预冷，都要掌握适当的预冷温度和速度，为了提高冷却效果，要及时冷却和快速冷却。冷却的最终温度在0℃左右，草莓冰点为-1.08～-0.85℃，所以冷却的最终温度不能低于-0.85℃。

自然降温冷却是最简单易行的预冷方法。它是将采后的果实放在阴凉通风的地方，使其自然散热。这种方式冷却的时间较长，受环境条件影响大。在没有更好的预冷条件时，自然降温冷却仍是一种好方法。

冷库空气冷却是一种简单的预冷方法，它是将果实放在冷库中降温冷却。在堆码时包装容器间应留有适当的间隙，保证气流通过。

遇冷后处理要适当，果实遇冷后要在0～1℃下进行储藏和运输，若仍在常温下进行储藏运输，不仅达不到预冷的目的，甚至会加速腐烂变质。

二　草莓的运输

草莓果实皮薄、肉软、果汁多，在运输过程中，振动是经常出现的。剧烈的振动会给果实造成机械损伤；同时伤口容易引起病菌的侵染，造成果实的腐烂。所以，在果实运输过程中，应尽量避免振动或减轻振动。一般铁路运输的振动强度小于公路运输，海路运输的振动强度又小于铁路运输。运输时要做到轻装、轻卸，严防机械损伤。

温度和湿度是果实运输中的重要因素。随着温度的升高，果实的代谢速率、水分的消耗都会大大加快，影响果实的新鲜度和品质。温度过低会造成冷害，常温运输易受外界气温的影响，低温运输受环境温度的影响较小。所以，草莓果实最好使用冷藏车运输，运输过程中的温度宜保持在1～2℃，空气相对湿度保持在90%～95%。

第三节　草莓的销售与加工

草莓的销售途径主要有三种：顾客自采、市场供应（零售和批发)、加工（速冻、罐头、果酱、果酒、果冻、果脯等），每一种销售途径都有利弊。大多数草莓种植者通常都会采用其中 2 种或 3 种销售途径来降低销售风险。

一 观光采摘

观光采摘（图 8-6、图 8-7）目前是草莓发展的一大趋势，事实证明，观光采摘是否成功与采摘园的位置密切相关。自采园想要吸引更多的消费者，其位置最好距离人口密集区 32km 之内，并且这个区域内没有其他的采摘园。通常每亩自采园大约可满足 58 个顾客的需求（表 8-4），但具体数字还得根据当地情况而定。

图 8-6　露地观光采摘

图 8-7　日光温室观光采摘

表 8-4　自采园草莓面积预测

距离 32km 之内的农场的居住人口数/千人	自采园最大面积/m^2
5	8094
10	16188
20	32376
30	44517
40	60705
50	72846
60	84987
70	97128
80	109269

（续）

距离 32km 之内的农场的居住人口数/千人	自采园最大面积/m^2
100	121410
150	149739
200	178068
300	234726
400	259008
500	283290
600	303525
700	327807
800	348042
900	372324
1000	396606

注：本表数据来源于伊利诺伊大学合作推广站。

采摘园的位置应在在主干道上或者是离主干道较近，这样顾客就比较容易到达，顾客也乐意去这样交通方便的采摘园进行采摘。要想建立一定的顾客基础，采摘园必须有很好的口碑，如采摘园的道路要方便顾客行驶，停车场要足够大，厕所、饮水间、遮阴棚和休息椅等设施应齐全，如果有娱乐设施，尤其是为儿童提供的设施必须符合标准，规章制度要清晰可见。

自采园的一大优势就是节省劳动力。通常草莓是依据重量收费，这样可以避免因估计偏差造成不必要的纠纷。选择用电子秤来称重很方便，如果提供标准的容器，付款时可以统一减去容器的重量，直接收取草莓果的钱。否则，还需要顾客自采前先称取容器的重量，这样增加了工作量。如果提供的是较大的采摘容器，顾客采摘的草莓就比较多，因为他们倾向于装满他们的容器，不会过多地关注容器的大小。

自采园是家庭消遣的首选场所，每个家庭成员都会采摘很多草莓，包括儿童，所以管理人员要指导儿童采摘。如果可以增加一些儿童设施（如儿童乐园或宠物乐园）是最好不过的。采摘园也可以设置鱼塘，这样喜欢钓鱼的顾客还可以进行垂钓。

采摘园的整体规划应便于所有的田间操作。种植者还可以种植一些其他作物吸引消费者，还可以提供介绍制作果酱、果酒的小册子，那样可能会吸引更多的顾客光顾。

二 田间地头市场零售和批发

1. 田间市场零售

如果种植者的农场不适合用来提供自采服务，可以采用田间地头零售（图 8-8）或市场零售的方式进行销售。

2. 批发

鲜果批发也是因为那些种植者的农场不适合用来提供自采服务。鲜果批发可以在批发市场进行批发（图 8-9），也可以在田间直接批发给小贩（图 8-10），也可以通过包装（图 8-11）批发给超市等。批发意味着需要采收大量的草莓果，通过预冷来延长货架期，之后运送到超市或仓库。种植者必须在采收前与买主联系妥当，并规划详细的进度表，制定包装设计，洽谈支付细节。出口的部分可能会经过特殊的处理和包装。

图 8-8 田间地头零售

图 8-9 鲜果市场批发

图 8-10 田间直接批发给小贩

图 8-11 包装以后进行批发销售

批发和直接销售联合起来比较妥当，但不代表其中一个市场可以销售另一个市场剩下的低质量的鲜果。买主必须在知情的情况下自愿购买低质量的鲜果，而且会依据具体情况付款。批发鲜果采摘时间应该安排在早上，而且越早越好，中午之前必须结束，这样采摘的果实表面比较干燥，保证了果实的最佳状态，而且雇工也不需要在炎热的天气下工作。

鲜果市场中采后处理也是至关重要的一个环节，种植者必须运输高质量的鲜果保证最长的货架期，因此，在包装、储藏和运输设备上的投资是值得考虑的。

三 速冻

草莓速冻（图 8-12）避免了在采收高峰期的浪费，是较好的销售过量草莓的途径。很多家庭都没有超大冰箱储存冻果为淡季消费，因此销售冻草莓是可以延长供应期并增加利润的。

图 8-12　速冻草莓

浆果在受冻后，细胞呈冰晶状，冰晶膨大破坏细胞膜，因此浆果解冻后就会变得很软。为了降低结晶化程度，冷冻前先在草莓上撒上糖浆，这样糖浆就会吸收细胞中的水分，降低结晶化水平。撒糖浆的浆果解冻后要比没有撒糖浆的浆果硬度大。浓缩糖浆与浆果的比例是 4∶6。

需冷冻的果实必须在采收后迅速处理以保留香气和原有的色泽，而且速冻形成的冰晶体比普通冷冻形成的冰晶体小。速冻草莓可以用来制作沙拉，因为他们在解冻后果型还很完整。其他许多加工品也都是采用速冻方式。

四 果酱和果冻

加工果酱（图 8-13）、果冻需要 4 种原料，包括糖、鲜果、果胶和酸，它们之间需要相互平衡。鲜果本身就包含了这几种物质，但含量差异很大。因此，必须额外添加以达到平衡。

加入糖可以增加果酱的甜度，抑制微生物生长，使果胶凝固，产品更有光泽。草莓的含糖量一般在7%~15%之间，而蜜饯的含糖量要求在65%~69%，很显然需要添加大量的糖。因为蔗糖容易结晶，所以加糖时不要全部使用蔗糖，应适当加入一些果糖和葡萄糖。如果鲜果含酸量高，在加热的时候蔗糖会转化为果糖和葡萄糖，抑制结晶。果冻的标准配比是45（果）∶55（糖），最好能达到50/50，最差也要达到35/65。

图 8-13　果酱

果胶是大多数水果细胞壁的成分，但成熟草莓果胶含量很低，不能满足加工果酱的需求。绿果含果胶丰富，商业化生产果酱允许使用25%的未成熟果实。果冻当中也需要加入商业化果胶，在适当pH下，凝胶成形需要的果胶量和糖量比是1∶100。

酸是用来调节糖度的，并能将pH调整到适宜范围。鲜果本身含有一定量的果酸，可适量加入柠檬酸将pH调整到2.8~3.3之间。

鲜果、酸、果胶和蔗糖放在一起煮沸，从液态到固态的过程中就发生了化学反应。煮沸的过程中会失去水分，破坏酶和微生物的活性，降解果肉。

五 果酒

果酒（图8-14）越来越盛行，酿酒厂通常会收购当地的草莓来酿酒。同样的草莓酿成酒的售价至少是鲜果售价的10倍，而且只要没发霉，过熟的草莓也可以用来酿酒。

酿制草莓酒不需要昂贵的设备，只需要一个大罐子、一个发酵起泡器、酿酒酵母、一个液体比重计、一个约20L的玻璃罐和一些

纱布。每生产20L果酒需要13.6kg草莓鲜果，草莓在发酵前不需要遮盖，但要先向果浆中加入水和糖，将酸度降低到0.8%。如果想让酒精含量达到10%，混合物中应加入大量的糖使含糖量达20%（2%糖量发酵成1%酒精）。总体来说鲜果与糖和水的比例是2∶1∶1。

图8-14　草莓果酒

然后加入酿酒酵母，酿酒酵母可以从果酒供应商处购买，这种酵母比普通酵母对酒精的耐受力强。先将酵母溶解在37℃水中（1g溶解到3.8L水中），然后混合到鲜果—糖—水的混合物中，这个过程必须在酵母溶解到水中的30min之内完成，需要注意的是酵母悬浮液的温度与混合物的温度差须小于5℃，否则酵母会失去活性。发酵需要21℃条件，大约3天或4天完成。可以用敞口的容器发酵，发酵过程中偶尔要进行搅拌。3天后，用纱布过滤，过滤液置于20L的玻璃罐中，放置发酵起泡器，5～10天后，果酒的酒精度就可以达到10%。如果达到目的酒精度时，还有残留的糖分，要将玻璃罐转移到冷的环境中（-1℃）停止发酵或过滤掉糖分。轻轻地倒出混合物加入亚硫酸盐与防腐剂以防氧化和二次发酵。

草莓酒可以在酒精度达到17%时停止发酵，但酒精度越高，味道越刺鼻，而且需要大量的糖分来提升酒精度，因此建议酒精度在9%或10%时停止发酵。可以购置一些廉价的监测糖、酸和酒精含量的设备，糖含量需要每天监测，因为发酵过程中酒精含量会迅速变化。

草莓酒有时会呈现橙色或有一种怪味，但原因不明。和葡萄一样，不同品种加工成的草莓酒品质不同，但这方面还没有细致的研究报道，通常认为几个品种混合后加工的果酒比使用单一品种的品质好。

草莓酒拥有极好的颜色、均匀的配料和诱人的香味，但这些优势性状极不稳定，在装瓶后不久或是冷藏的过程中会逐渐消失。

六 罐头

草莓罐头（图 8-15、图 8-16）在保存鲜度和营养方面得天独厚，仅次于鲜草莓。从原材料的采摘到加工好成品全过程很短，一般不超过6h，高温热处理会停止草莓产品的所有化学反应，罐头的鲜度和营养成分被定格在刚采摘下来的那一时间，草莓罐头最大程度地保存了草莓的营养价值。草莓罐头的另一个特点就是：不仅草莓果肉好吃，而且果实的本色本味完全地融入到糖水中，罐头水的风味甚至比果汁还要浓郁，能真切地感受到罐头水独特的风味。吃完罐头后，再捧起瓶子把罐头水一饮而尽，这才真真正正领略到了草莓的甜美。制作罐头时需要密封、高温热处理和真空保存的工艺，使灭菌效果很彻底，因此草莓罐头根本不需要添加任何防腐剂，完全依靠容器的密封和食品的高压灭菌长期保存不变质，容器内的高真空使食品的风味和营养得到最大限度的保存。

图 8-15　玻璃瓶装罐头

图 8-16　罐装罐头

七 其他产品

草莓还可以加工成糖果、果汁、果干、果醋等。这样可以大大提高草莓的附加值，增加效益。

附　　录

附录 A　草莓栽培全年作业历

时　　间	相关内容
3 月中下旬	**（1）露地栽培** **去防寒物并中耕**：去除地膜等防寒覆盖物，及时中耕、除草、浇水 **（2）保护地促成及半促成栽培** **果实采收期**：温度白天 20～23℃，夜间 5～7℃，控制湿度 **及时追肥**：用5%的氮、磷、钾复合肥，穴施追肥 3～5 次，每 10 天 1 次，每次每亩用肥液 800～1200kg，防止植株早衰 **（3）繁苗田定植** **及时中耕**：由于定植技术或浇水秧苗有的淤心，有的露根，或地不平，或裂缝等，要及时挖心、埋根和中耕锄草 **及时补苗**：长不出新小叶的确定死苗，要及时补苗
4 月	**（1）露地栽培** **喷药防治病虫害**：露地草莓返青至开花前，喷甲基托布津 1000 倍液，或多菌灵 800 倍液防治灰霉病等病害。喷布菊酯类和生物农药防治各种害虫 **追肥浇水**：露地草莓返青结合追肥浇返青水，可浇灌腐熟稀粪或追施复合肥，每公顷 225～300kg **叶面喷肥**：花期前后可喷布 0.3%～0.5% 尿素加 0.2%～0.3% 磷酸二氢钾 1～2 次。花期喷 0.1%～0.2% 硼砂，增产效果显著 **疏花疏蕾**：对高级次的无效花蕾可适当疏掉，以节省养分消耗，提高果品质量 **（2）保护地栽培** **撤棚膜**：保护地草莓在 4 月 20 日前后可撤除棚膜，采收基本结束 **（3）繁苗田管理** **及时摘除花果**：为了集中养分，减少消耗，及时摘除花果 **压匍匐茎**：根据地空将匍匐茎在母株周围摆开，并用土压蔓，使其定向生长

（续）

时　　间	相关内容
5 月	（1）露地栽培果实成熟期 **适当浇水**：土壤干旱时要适当浇水，结合浇水再追施 1 次复合肥，浇水时要注意早晚浇，浇小水，避免积水和曝晒 **摘除匍匐茎**：为了集中营养用于结果，要及时摘除新生的匍匐茎，以节省养分消耗，促进果实生长 **铺草垫果**：为了防止果实与地面接触，保持果面清洁，在坐果后，要在畦内地面上铺盖干草，把果实垫起来 **适时采收**：一般进入 5 月，露地草莓陆续进入成熟期，果实成熟后要及时采收，要求轻摘轻放，保证果品质量，畸形果挑出，进行分级后把优质果及时外运销售。采收时间是在上午露水落过之后，这样果实整洁，不易腐烂 （2）繁苗田管理 **及时摘除花果**：为了集中养分，减少消耗，及时摘除花果 **压匍匐茎**：根据地空将匍匐茎在母株周围摆开，并用土压蔓，使其定向生长 **喷施赤霉素**：于 5 月中下旬，可喷施 1 ~ 2 次 50 ~ 100mg/L 的赤霉素促发匍匐茎
6 ~ 7 月	（1）繁苗田的管理 **及时浇水**：6 月易高温干旱，要及时浇水并结合中耕 **及时拔草**：7 月雨水较多，杂草丛生，要及时锄草或拔草 **及时防病**：此期叶斑病发病较重，及时防治 **追施速效肥**：6 月下旬及 7 月中下旬追施氮磷钾复合肥各 1 次，每次亩施 15 ~ 20kg，并结合浇水 （2）日光温室消毒 利用太阳能加石灰氮或氯化苦或棉隆进行土壤消毒
8 月上中旬	（1）繁苗田的管理 **摘除繁苗田多余匍匐茎和小子苗**：历经 4 个多月的生长扩繁，到 8 月上旬扩繁系数达到高峰，繁苗地已基本布满，因此要及时摘除多余的匍匐茎和 8 月下旬定植前未能长成的小子苗 （2）定植前整地 **清理地表物**：将日光温室内的前茬作物或杂草清理干净 **施足基肥并翻耕**：每亩施用腐熟的优质有机肥 5000 ~ 8000kg，同时加入草莓专用肥或氮磷钾复合肥 50kg，底肥撒匀后翻耕 2 ~ 3 遍，使土壤和肥料充分混合，翻耕深度 30cm 左右，然后做高畦。草莓忌重茬，重茬地要进行土壤消毒 **做高畦**：高畦南北走向，高畦面宽 50 ~ 60cm，沟上面宽 30 ~ 40cm，沟底宽 30cm 左右，畦高 25 ~ 30cm，畦面踏实整平，准备定植

（续）

时　　间	相关内容
8月下旬及9月上旬	**秧苗选择**：品种纯正，成龄叶片5片以上，有心，茎粗0.8cm以上，有较多白或乳白色须根，根长5cm以上，单株鲜重在20g以上，无病虫害、不徒长、植株完整的优质壮苗 **秧苗定植**：露地栽培和日光温室栽培均在8月下旬及9月上旬定植，苗壮可以适当晚栽
9月中下旬	**检查秧苗**：浇水后，注意将淤心挖出，将露根埋好，并及时检查成活情况 **及时补苗**：定植两周如没有新芽发出，就及时补苗，要选择优质壮苗或假植苗，补后及时浇水 **中耕锄草**：连续浇水后要抓紧时间锄草并松土 **防治白粉病**：9月下旬随着天气逐渐变凉爽，白粉病开始发生，注意防治白粉病，连续防治3~4次
10月	**扶壮秧苗加强植株管理**：及时摘除病残老叶，追施尿素及磷酸二铵，每株各30g左右，叶面喷施0.3%尿素加0.3%磷酸二氢钾2~3次，及时浇水和防治病虫草害 **促成栽培扣棚保温**：促成栽培在10月20日左右，当气温降到8℃左右时开始盖棚保温 **促成栽培喷施赤霉素**：保温开始后的1周内可以喷施1~2次5mg/L的赤霉素，每株5mL，喷施时要注意喷施苗心，晴天喷施。休眠浅的品种可以不喷或少喷，休眠期较长的品种可喷两次，连续两次喷施的间隔期为7~10天
11月	**灌冻水**：露地栽培在封冻前要灌1次冻水，灌透灌足 **覆盖防寒**：露地栽培浇冻水后覆盖地膜或其他防寒物如马粪、秸秆等防寒 **促成栽培植株管理**：扣棚保温后，应避免多次灌水和施肥，适度保持干燥。在植株顶花序抽生后，只在其两侧留2个粗壮侧芽并摘除其他侧芽和匍匐茎 **促成栽培加强病虫防治**：加强白粉病、灰霉病的预防。可用50%甲基托布津600~1000倍液，或百菌清烟熏剂或速克灵烟熏剂防治。主要害虫有蚜虫、螨类、蛴螬等，可用50%抗蚜威可湿性粉剂、20%灭扫利2000倍液喷治 **促成栽培放蜂授粉**：促成栽培11月下旬进入花期，进行人工授粉或放蜂辅助授粉，减少畸形果形成。每棚可放1箱蜂

（续）

时　　间	相关内容
12 月	**促成栽培加强温度管理**：开花期到果实膨大期要确保白天 22 ~ 25℃，夜间 12℃左右，最低不得低于 8℃。收获期白天 20 ~ 24℃，夜间 6 ~ 8℃，最低不能低于 5℃ **促成栽培及时采收**：促成栽培一般 12 月中旬果实成熟，要及时采收上市，同时要加强植株管理，防止植株早衰
	半促成栽培保温时间：半促成栽培，于植株基本通过自然休眠，还处在休眠觉醒期时进行保温，扣棚早晚要根据品种休眠期的长短来定，一般休眠时间为 500h 左右的品种于 12 月中下旬扣棚保温，同一品种休眠期过后根据上市要求来扣棚保温，但不宜过早或过晚 **半促成栽培覆盖地膜**：保温后 10 天左右，让植株稍有生长而不宜过大时覆盖地膜，于早晨、傍晚、阴天或遮阳进行，铺膜后立即破膜提苗，地膜展平后立即浇水，浇水后将地膜拽平 **半促成栽培赤霉素处理**：保温后，草莓生长初期第二片新叶展开时，为了加快打破休眠，促进植株生长，以利于提早开花结果，喷 1 次 5 ~ 10mg/L 的赤霉素，剂量大小因品种休眠期长短而定，每株 5mL，喷在心叶上，温度控在 28 ~ 32℃之间
第二年 1 月	**促成栽培草莓继续采收**：果实八成熟时即可采收，及时储运上市，并注意温室保温，使白天温度在 20 ~ 24℃之间，夜间温度不低于 6 ~ 8℃
	半促成栽培温度调控：白天 26 ~ 30℃，不超过 35℃，夜间 10℃，不超过 13℃ **半促成栽培湿度管理**：保温前期，由于温度较高，注意膜下浇水，保持土壤湿润不干不涝 **半促成栽培防治病害**：加强白粉病、灰霉病的预防。可用 50% 甲基托布津 600 ~ 1000 倍液，或百菌清烟熏剂或速克灵烟熏剂防治。主要害虫有蚜虫、螨类、蛴螬等，可用 50% 抗蚜威可湿性粉剂、20% 灭扫利 2000 倍液喷治
第二年 2 月 ~3 月上旬	**促成栽培草莓继续采收**：果实八成熟时即可采收，及时储运上市，并注意温室保温，使白天温度在 20 ~ 24℃之间，夜间温度 6 ~ 8℃ **半促成栽培温度调控**：开花前显蕾期白天保持 25 ~ 28℃，夜间 8 ~ 12℃；开花期间花器对温度很敏感，白天 22 ~ 25℃，夜间 8 ~ 10℃，不低于 5℃，地温保持在 18 ~ 20℃；果实膨大期白天 20 ~ 25℃，夜间 6 ~ 8℃ **半促成栽培放养蜜蜂**：按一只蜜蜂一株草莓的比例放养，蜂箱在草莓开花前 3 ~ 5 天放入棚内，让蜜蜂充分适应棚内生活，蜂箱放在棚内光照好的地方（东南角或西南角），离地面 15cm 高处，蜂箱口朝着西北方向或东北方向，放蜂后棚内温度保持在 25℃左右，与蜜蜂生活习性相适应，连阴天要通风换气，降低湿度促进蜜蜂访花采蜜，放蜂期间不能喷、熏任何农药 **半促成栽培湿度管理**：通常棚内湿度控制在 60% 以内，整个生长过程尽可能降低棚内湿度，减少病虫害发生。花期空气湿度在 30% ~ 50% 有利于花药开裂和花粉发芽，空气相对湿度超过 80% 时，花粉不易飞散，影响授粉受精

附录 B　常见计量单位名称与符号对照表

量的名称	单位名称	单位符号
长度	千米	km
	米	m
	厘米	cm
	毫米	mm
面积	平方千米（平方公里）	km^2
	平方米	m^2
体积	立方米	m^3
	升	L
	毫升	mL
质量	吨	t
	千克（公斤）	kg
	克	g
	毫克	mg
物质的量	摩尔	mol
时间	小时	h
	分	min
	秒	s
温度	摄氏度	℃
平面角	度	（°）
能量，热量	兆焦	MJ
	千焦	kJ
	焦［耳］	J
功率	瓦［特］	W
	千瓦［特］	kW
电压	伏［特］	V
压力，压强	帕［斯卡］	Pa
电流	安［培］	A

参 考 文 献

[1] 邓明琴，雷家军. 中国果树志·草莓卷 [M]. 北京：中国林业出版社，2005.

[2] 张志宏. 图说棚室草莓高效栽培关键技术 [M]. 北京：金盾出版社，2009.

[3] 王久兴，王淑华，齐福高. 图说草莓栽培关键技术 [M]. 北京：中国农业出版社，2010.

[4] 郝保春，杨莉. 草莓病虫害诊断与防治原色图谱 [M]. 北京：金盾出版社，2012.

[5] 杨莉，郝保春. 草莓优质高产栽培技术 [M]. 北京：化学工业出版社，2011.

[6] 张运涛，张国珍. 草莓生产技术指南 [M]. 北京：中国农业出版社，2012.

[7] 辛贺明，张喜焕. 草莓生产关键技术百问百答 [M]. 北京：中国农业出版社，2005.

[8] 郝保春. 草莓生产技术大全 [M]. 北京：中国农业出版社，2000.

[9] 张运涛，王桂霞，董静. 无公害草莓安全生产手册 [M]. 北京：中国农业出版社，2008.

[10] 周厚成. 草莓新品种及栽培新技术 [M]. 郑州：中原农民出版社，2010.

[11] 王运冰，徐小娃. 无公害果园使用指南 [M]. 北京：化学工业出版社，2010.

[12] 张运涛. 草莓研究进展（三）[M]. 北京：中国农业出版社，2010.

[13] 张运涛，张国珍. 草莓病虫害概论 [M]. 2 版. 北京：中国农业出版社，2012.

ISBN：978-7-111-55670-1 定价：59.80 元	ISBN：978-7-111-56476-8 定价：39.80 元
ISBN：978-7-111-58778-1 定价：29.80 元	ISBN：978-7-111-57374-6 定价：25.00 元
ISBN：978-7-111-48498-1 定价：39.80 元	ISBN：978-7-111-49441-6 定价：35.00 元
ISBN：978-7-111-57789-8 定价：39.80 元	ISBN：978-7-111-46958-2 定价：29.80 元
ISBN：978-7-111-59207-5 定价：25.00 元	ISBN：978-7-111-46518-8 定价：25.00 元